„Advances in Polymer Science/Fortschritte der Hochpolymeren-Forschung" erscheinen zwanglos in einzeln berechneten Heften, die zu Bänden vereinigt werden.

Sie enthalten Fortschrittsberichte monographischen Charakters aus dem Gebiet der Physik und Chemie der Hochpolymeren mit ausführlichen Literaturzusammenstellungen. Sie sollen der Unterrichtung der auf diesen Gebieten Tätigen über solche Themen dienen, die in letzter Zeit besondere Aktualität gewonnen haben, bzw. die in neuerer Zeit eine lebhafte und nach literarischer Zusammenfassung verlangende Entwicklung erfahren haben.

SPRINGER-VERLAG

6900 Heidelberg 1 · Postfach 1780 · Telefon (06221) 49101 · Telex 04-61723

1000 Berlin 33 · Heidelberger Platz 3 · Telefon (0311) 822001 · Telex 01-83319

New York, N. Y. 10010 · 175 Fifth Avenue · Telefon 673-2660 · Telex 0023-222235

---

6. Band **Inhaltsverzeichnis** 4. (Schluß-)Heft

Titel-Nr. 4929

Inhalt des 6. Bandes

1. Heft

2. Heft

3. Heft

4. Heft

Adv. Polymer Sci., Vol. 6, pp. 421—472 (1969)

Koordinative Polymerisation an löslichen Übergangsmetall-Katalysatoren

G. Henrici-Olivé und S. Olivé
Monsanto Research S. A., Zürich

Inhalt

1. Einleitung

Die koordinative Polymerisation an Übergangsmetall-Katalysatoren stellt den jüngsten Zweig der Polymerchemie dar. Er nahm seinen Anfang, als 1952 im Arbeitskreis von K. Ziegler (*1*) entdeckt wurde, daß Spuren kolloidalen Nickels die „Aufbaureaktion" des Äthylens an Trialkylaluminium in bemerkenswerter Weise beeinflussen. Während in Abwesenheit der Metallspuren die Reaktionsfolge:

Aufbau

$$CH_3\text{–}CH_2\text{–}Al\begin{matrix}R\\R\end{matrix} + n\,CH_2{=}CH_2 \rightarrow CH_3\text{–}CH_2(\text{–}CH_2\text{–}CH_2)_n\text{–}Al\begin{matrix}R\\R\end{matrix} \qquad (1)$$

Verdrängung

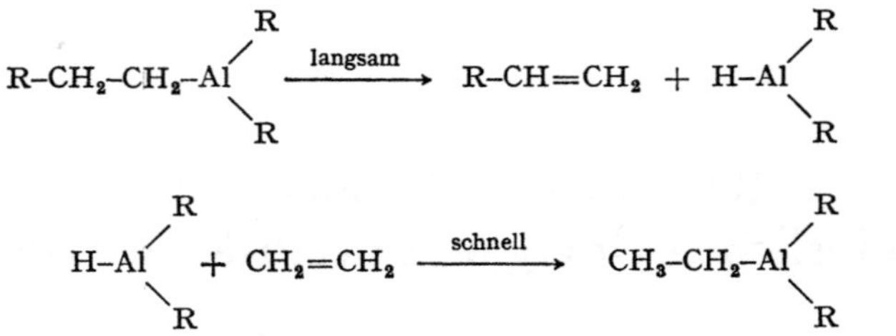

(2)

zur Bildung von höheren α-Olefinen führte, bewirkte das Nickel, daß die Reaktion nach jeweils zwei Aufbauschritten durch einen Verdrängungsschritt unterbrochen wurde, so daß praktisch reines 1-Buten entstand. Um die Ursache dieses „Nickel-Effektes" kennenzulernen, wurden systematische Untersuchungen mit anderen Metallen und Metallsalzen durchgeführt, die schließlich in der Entdeckung der „Ziegler-Polymerisation" gipfelten. Ziegler und seine Mitarbeiter fanden bekanntlich, daß gewisse „Mischkatalysatoren", d. h. Kombinationen von Übergangsmetall-Salzen (zunächst insbesondere $TiCl_4$) und Aluminiumalkylen (z. B. Triäthylaluminium), Äthylen bei Normaldruck und Raumtemperatur zu hochmolekularem Polyäthylen umzusetzen vermögen (Niederdruck-Polyäthylen).

In der Folge wurde der neue Katalysatortyp von Natta u. Mitarb. zur Polymerisation von Propylen und höheren α-Olefinen herangezogen. Natta erkannte die außerordentliche Fähigkeit der Zieglerschen Katalysatoren, diese Monomeren sterospezifisch zu polymerisieren, und berichtete bereits 1955 (*2, 3*) über die Herstellung und Charakterisierung der ersten Poly-α-Olefine, deren Ketten aus langen Sequenzen von Monomeren mit gleicher sterischer Anordung (*dddd*. . . oder *llll*. . .) bestanden. Natta bezeichnete diese Polymeren als isotaktisch.

In den Händen Zieglers und Nattas sowie ihrer zahlreichen Mitarbeiter entwickelte sich diese Entdeckung schnell zu großer technischer Bedeutung. Die Begriffe „Ziegler-Natta-Polymerisation" und „Ziegler-Natta-Katalyse" gehören heute zum Vokabularium jedes Polymerchemikers. Als „Ziegler-Natta-Katalysator" bezeichnet man jetzt allgemein jede polymerisations-aktive Kombination einer Übergangsmetall-Verbindung mit einer metall-organischen Verbindung der Gruppen I—III des Periodischen Systems. Eine Reihe von Beispielen ist in Tab. 1 zusammengestellt. Zum Teil sind diese Katalysator-Systeme im Reaktionsmedium löslich (z. B. Nr. 3, 4 und 8 in Tab. 1, wobei als Lösungsmittel teils Toluol, teils Heptan oder dgl. in Frage kommt); die meisten aber sind unlöslich (heterogene Katalyse).

Tabelle 1. *Einige Ziegler-Natta-Katalysatoren (acac = Acetylacetonat-Ion; Et = Äthyl; Bu = Butyl)*

Nr.	Übergangsmetall-Verbindung	+	Organometallische Verbindung
1	$TiCl_4$		Et_3Al
2	VCl_3		Et_2AlCl
3	$V(acac)_3$		Et_2AlCl
4	$Cr(acac)_3$		Et_2AlCl
5	$CoCl_2$. 2 Pyridin		Et_2AlCl
6	$TiCl_4$		BuLi
7	$TiCl_3$		BuMgJ
8	Cp_2TiCl_2		$EtAlCl_2$

Diese Katalysatoren werden heute technisch nicht nur für Äthylen, Propylen, höhere α-Olefine, und Copolymere daraus eingesetzt, sondern auch 1,4-cis-Polyisopren und 1,4-cis-Polybutadien werden kommerziell z. T. auf diese Weise hergestellt. Zahlreiche weitere Polymere konnten, z. T. erstmalig, mit Ziegler-Natta-Katalysatoren erhalten werden. Aber nicht jede Kombination ist für jedes Monomere geeignet, vielmehr sind die meisten Systeme ausgesprochen substratspezifisch. Kombinationen, welche Metalle der Gruppe VIII des Periodensystems enthalten (insbesondere Co oder Ni), sind im allgemeinen für konjugierte Diolefine besonders günstig, polymerisieren aber nach bisherigen Kenntnissen weder Äthylen noch α-Olefine. Für letztere haben sich hingegen die Übergangsmetalle der linken Seite des Periodischen Systems besonders bewährt (Ti, V, Cr).

Polare Monomere hingegen, wie Methylmethylcrylat, Vinylchlorid, Acrylnitril oder Vinyläther, sind im allgemeinen für diese Art der Polymerisation weniger geeignet, da sie häufig die aktive Spezies zersetzen. Hinzu kommt, daß bei Vinylmonomeren, die kationisch oder anionisch polymerisiert werden können, mitunter schwer zu unterscheiden ist, ob wirklich Ziegler-Natta-Katalyse vorliegt oder ob eine einfache anionische oder kationische Polymerisation an einer der beiden Komponenten des „Mischkatalysators" (z. B. $TiCl_4$, $EtAlCl_2$, BuLi) stattgefunden hat.

Mit den Ziegler-Natta-Katalysatoren ist aber das Kapitel der koordinativen Polymerisation an Übergangsmetallen keineswegs erschöpft. Eine interessante Entwicklung begann etwa gleichzeitig mit der Zieglerschen Entdeckung: die Polymerisation von Äthylen und die stereospezifische Polymerisation von Propylen bei niederem Druck an Chromoxyd (CrO_3) auf Silika-Alumina-Trägern („Phillips Katalysator" (*4*, *5*)).

Hier fehlt also die metallorganische Komponente (vgl. Abschnitt 8). Dasselbe gilt auch für eine Reihe weiterer Polymerisationsreaktionen an Übergangsmetallen, die sich z. T. in homogener Lösung abspielen. Genannt seien die Polymerisation von Butadien an Allyl-Nickel-Komplexen (*6, 7*) sowie von Butadien (*8, 9*) und Cyclobuten (*10*) an $RhCl_3$ in wässeriger Lösung.

Trotz der großen technischen Bedeutung, welche die koordinative Polymerisation an Übergangsmetallen bereits erlangt hat, ist der *Reaktionsmechanismus* dieser Katalyse noch weit davon entfernt, vollständig aufgeklärt zu sein. Das hat eine Reihe von Gründen. Einmal muß man diesem jüngsten Zweig wohl noch etwas Entwicklungszeit zubilligen. Andererseits standen aber, eben wegen des technischen Aspektes, häufig eher patentrechtliche Fragen im Vordergrund der Untersuchungen, was einer systematischen Erforschung der Reaktionsmechanismen sicher nicht immer dienlich war. Zum Teil liegt es aber auch vielleicht in der Natur der Sache, wenn allgemeingültige Gesetzmäßigkeiten auf diesem Gebiet fehlen. Bei der Vielfalt der möglichen Katalysator-Kombinationen kann wohl nicht a priori mit einem völlig einheitlichen Mechanismus gerechnet werden. Sicher werden sich mit der Zeit, bei besserer Kenntnis der Reaktionen, gemeinsame Trends und Parallelen ergeben, die zu gezielterer Anwendung der einzelnen Systeme führen könnten. Vorläufig allerdings ist man auf Teilergebnisse angewiesen, die aber in sich bereits recht interessant sind.

Verschiedene Mechanismen wurden im Laufe der Zeit vorgeschlagen und kürzlich von Boor (*11*) in ausgezeichneter Weise diskutiert. Ausgehend von der „Aufbaureaktion" (Gl. 1 und 2) wurde zunächst das Aluminiumalkyl als Katalysator und die Übergangsmetall-Komponente als „Cokatalysator" aufgefaßt. Im Laufe der Zeit verschoben sich aber die Gewichte. Man erkannte, daß die Koordination des Monomeren an das Übergangsmetall die ausschlaggebende Rolle spielt. Einerseits wird dadurch ein Beitrag zur Aktivierung des Wachstumsschrittes geleistet, andererseits ergibt sich gerade dadurch, bei geeigneter Oberflächenbeschaffenheit des Katalysators, die Möglichkeit stereospezifischer Polymerisation. Die koordinative Polymerisation an Übergangsmetallen wirft damit Fragen auf, die im Bereich der „klassischen" Polymerisation (Radikalpolymerisation, ionische Polymerisation, Polykondensation) gar nicht vorkamen, z. B.: welche Vorgänge spielen sich an den Übergangsmetall-Komplexen ab? Wie sieht die katalytisch aktive Spezies aus? Wie kommt es zur Stereospezifität der Reaktionen? Derartige Problemstellungen rufen die Untersuchungsmethoden der anorganischen und metallorganischen Komplex-Chemie auf den Plan und haben dadurch Gesichtskreis und Betätigungsfeld des forschenden Polymerchemikers beträchtlich erweitert.

Der Reaktionsmechanismus, welcher in der vorliegenden Arbeit vorgeschlagen wird, basiert teils auf eigenen Erfahrungen, die insbesondere in Abschnitt 4 zusammenfassend behandelt werden, teils schließt er sich an die Vorstellungen von BOOR an. In bezug auf die eminente Bedeutung der Koordination des Monomeren an das Übergangsmetall steht er jedoch den Vorstellungen von COSSEE (*12, 13*) näher.

Aus offensichtlichen Gründen wurde die vorliegende Abhandlung im wesentlichen auf lösliche Katalysatorsysteme beschränkt. Eine mechanistische Untersuchung, wie sie hier angestrebt wird, ist prinzipiell einfacher und übersichtlicher in homogener Phase, d. h. unter Vermeidung zusätzlicher Komplikationen wie Kontrolle der Teilchengröße und Oberflächenbeschaffenheit des Katalysators, Durchmischung, Stofftransport usw. Die Ergebnisse können jedoch zu Aussagen über die heterogenen – technisch bedeutsameren – Systeme herangezogen werden.

2. Experimentelle Methoden

2.1. Umsatzbestimmung mit gasförmigen Monomeren

Die Übergangsmetall-Katalysatoren haben die billigen, gasförmigen Monomeren, wie Äthylen, Propylen, Butylen besonders in das Blickfeld des Polymer-Chemikers gerückt. Mechanistische Untersuchungen an solchen Systemen erfordern die exakte Messung der Polymerisationsgeschwindigkeit.

Prinzipiell kann stationär („Eingasverfahren") oder nicht stationär („Durchströmverfahren") gearbeitet werden. Bei den nicht stationären Verfahren muß der Gasdurchtritt vor und nach dem Reaktionsgefäß gemessen werden; dies ist aber im allgemeinen nicht sehr genau durchführbar. Besser sind die stationären Verfahren, wobei entweder bei konstantem Gasraum der Druckabfall, oder bei konstantem Druck die Volumenänderung des Monomeren gemessen werden kann. Da sich bei Druckänderung automatisch die Monomerkonzentration in der flüssigen Phase (Katalysator-Lösung bzw. -Aufschlämmung) ändert, ist für kinetische Untersuchungen das Verfahren der Volumenmessung bei konstantem Druck vorzuziehen. Eine einfache Apparatur wurde von SCHNECKO et al. (*14*) beschrieben; sie ist in Abb. 1 skizziert.

Das Reaktionsgefäß A (250 ml-Dreihalskolben, KPG-Rührer, Gaseinleitungsrohr, Thermometer bzw. Schliffstopfen) ist mit zwei Gasbüretten C_1 und C_2 (je 1000 ml) verbunden, in denen sich das gereinigte Monomere befindet. Ein ganz geringer Überdruck wird durch die verstellbaren Ausgleichsgefäße B gewährleistet. Als Sperrflüssigkeit dient bei Äthylen oder Propylen ein Gemisch hochsiedender, gesättigter Kohlenwasserstoffe; bei Buten empfiehlt es sich, wegen seiner größeren Löslichkeit in Kohlenwasserstoffen, Diäthylphthalat zu verwenden.

D ist ein Blasenzähler. Über die Dreiweghähne I und II wird der Reaktionskolben evakuiert und mit Stickstoff gefüllt. An den Hähnen III

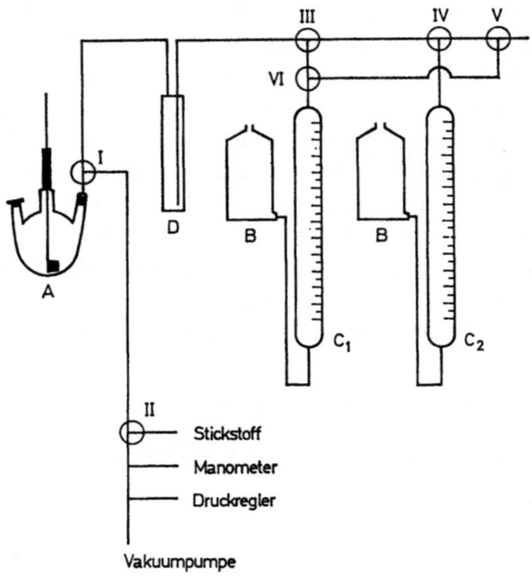

Abb. 1. Apparatur zur Verfolgung der Polymerisation gasförmiger α-Olefine (*14*)

und IV sind die beiden Gasbüretten C_1 und C_2 angeschlossen; V und VI dienen dazu, die Bürette C_1 wieder mit Monomeren zu füllen, während C_2 die Polymerisation speist.

2.2. Magnetische Methoden

Viele Übergangsmetall-Komplexe haben ein oder mehrere ungepaarte Elektronen. Meßmethoden, die auf die magnetischen Eigenschaften dieser Elektronen ansprechen (paramagnetische Suszeptibilität, Elektronenspinresonanz) gelangen daher häufig mit Vorteil zu Anwendung bei der Untersuchung der Katalysatorsysteme, und in Verbindung mit polymer-kinetischen Messungen auch zur Untersuchung des Polymerisationsmechanismus selber.

Paramagnetische Substanzen (Radikale, Übergangsmetall-Verbindungen) weisen ungepaarte Elektronen auf. Letztere haben, aufgrund des Elektronenspins, ein permanentes magnetisches Moment. Sie orientieren sich daher in einem von außen angelegten Magnetfeld; ist das Feld inhomogen, so tendieren sie zu den Zonen größter Felddichte, d. h. sie werden in das Feld hineingezogen. Die anziehende Kraft F kann als scheinbare Gewichtserhöhung im Magnetfeld, gegenüber einer Wägung ohne Feld, gemessen werden. Sie ist gegeben durch

$$F = c \cdot \chi_{mol} \cdot V \cdot H_0 \cdot dH/dx \tag{3}$$

Hierbei ist χ_{mol} die „molare Suszeptibilität", eine Größe, die von der Zahl der ungepaarten Elektronen pro Molekül abhängt ($\chi_{mol} \cdot 10^6 = 1270$ für ein, 3300 für zwei, 6200 e.m.u. für drei ungepaarte Elektronen, bei Raumtemperatur); c ist die molare Konzentration. Das Produkt von Volumen V, Feldstärke H_0 und Feldstärke-Gradient dH/dx ist für eine gegebene Versuchsanordnung als Apparatekonstante anzusehen (Gouysche Waage (*15*)).

Aus Gl. 3 folgt die Information, die durch die Bestimmung der *paramagnetischen Suszeptibilität* erhalten werden kann: Bei Kenntnis von c kann χ_{mol}, d. h. die Wertigkeit eines Übergangsmetalls in einem Komplex bestimmt werden; umgekehrt liefert Kenntnis von χ_{mol} die Konzentration der paramagnetischen Spezies. Messung der Veränderung der Suszeptibilität mit der Zeit eröffnet den Weg zur Kinetik.

Die *Elektronenspinresonanz* (ESR) basiert auf demselben Phänomen: der Orientierung ungepaarter Elektronen im Magnetfeld. Die beiden möglichen Orientierungen eines Elektrons (parallel und antiparallel) haben etwas verschiedene Energie; die Energiedifferenz ist proportional der Stärke des angelegten Feldes. Wie in der optischen Spektroskopie, so können auch hier Übergänge zwischen den beiden Energieniveaus induziert werden, wenn die richtige Frequenz eingestrahlt wird ($\Delta E = h \cdot \nu$). Die zu überwindenden Energiedifferenzen sind sehr gering, die korrekten Frequenzen liegen im Mikrowellengebiet. Da, wie erwähnt, $\Delta E \sim H_0$, muß bei konstant gehaltenem H_0 die Frequenz ν variiert werden, bis Resonanz eintritt, oder vice versa. Aus technischen Gründen wird praktisch der zweite Weg beschritten.

Der eigentliche Informationsgehalt der ESR resultiert aber aus einem Sekundäreffekt: die ungepaarten Elektronen unterliegen nicht nur der Einwirkung des von außen angelegten Feldes, sondern sie „fühlen" auch die Magnetfelder benachbarter magnetischer Kerne (z. B. H, Kernspin $I = 1/2$; Al, $I = 5/2$). Durch einen solchen benachbarten Kern werden die bereits erwähnten Energieniveaus nochmals in $(2I + 1)$ Niveaus aufgespalten. Anstelle einer Absorptionslinie treten im ESR Spektrum dann deren $(2I + 1)$ auf. Benachbarte n äquivalente Kerne führen zu $(2nI + 1)$ Linien. Aus Zahl und Intensität der Linien lassen sich dann folgende, in unserem Zusammenhang wichtige Informationen gewinnen:

a) Konfiguration einer paramagnetischen Spezies (Anwesenheit, Zahl und Anordnung anderer magnetischer Kerne),

b) Beobachtung mehrerer paramagnetischer Spezies nebeneinander,

c) Veränderung der Signalintensität mit der Zeit (Kinetik).

Schließlich ist unter den magnetischen Methoden noch die *Kernspinresonanz* (NMR) zu nennen, die in der Polymerchemie besonders zur Untersuchung von Copolymeren, sowie zur Bestimmung der sterischen Anordnung („Taktizität") verwendet wird. Bei der starken Verbreitung dieser wichtigen Methode zur Strukturbestimmung in der organischen Chemie erübrigt sich hier eine nähere Beschreibung.

3. Grundlagen der koordinativen Bindung

Wegen der großen Bedeutung, welche der Koordination des Monomeren im Rahmen der hier zu besprechenden Polymerisation zukommt, sollen die Grundlagen der koordinativen Bindung eines Olefins an ein Übergangsmetall hier etwas ausführlicher behandelt werden. Diese Grundlagen lassen sich am besten im Rahmen der Molekular-Orbital-Theorie (MO-Theorie) diskutieren.

Bei der „klassischen" chemischen Bindung, sei sie nun kovalent oder ionisch, trägt jedes der beiden an der Bindung beteiligten Atome ein Elektron bei. Die *koordinative* Bindung, andererseits, ist dadurch gekennzeichnet, daß beide Elektronen von einem Partner stammen. Bedingung dabei ist, daß sich durch Überlappung geeigneter Atomorbitale ein bindendes MO ausbilden kann, welches im Vollzug des Aufbauprinzips mit Elektronen besetzt wird, während das zugehörige antibindende MO leer bleibt. Diese Art der Bindung soll am Beispiel eines Übergangsmetall-Komplexes diskutiert werden.

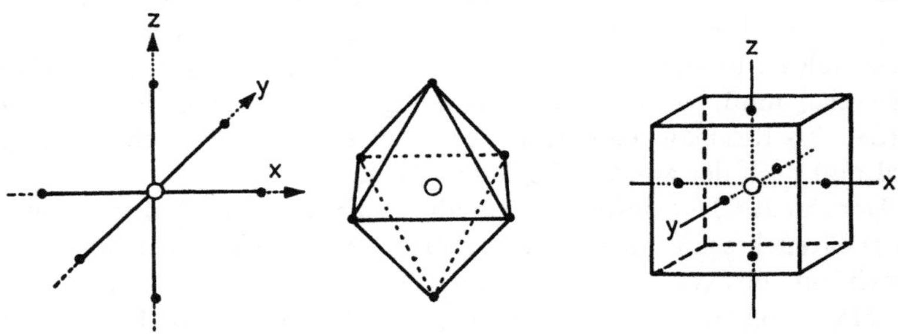

Abb. 2. Verschiedene Darstellungen eines oktaedrischen Komplexes. ○: Zentral-Metallion; ●: Liganden

Der Begriff „Komplex" wird heute auf alle solche Verbindungen angewendet, in welchen ein zentrales Ion durch mehrere Ionen oder Moleküle umgeben ist (*16*). Die umgebenden Ionen oder Moleküle werden Liganden genannt, unabhängig davon, welcher Art die Bindung ist (z. B. SO_4^{--} oder $[Co(NH_3)_6]^{3+}$).

Ein Übergangsmetall-Ion sei oktaedrisch von sechs koordinativ gebundenen Liganden umgeben, z. B. $[Ti(H_2O)_6]^{3+}$ (siehe Abb. 2).

Die Übergangsmetalle zeichnen sich bekanntlich dadurch aus, daß sie Elektronen in *d*-Orbitalen aufweisen. Für die Konstruktion der MO's werden von seiten des Metalls die „Valenzorbitale" (im genannten Beispiel 3*d*, 4*s* und 4*p*) herangezogen, wobei es zunächst irrelevant ist, ob diese Elektronen enthalten oder nicht. Von den fünf *d*-Orbitalen weisen zwei ($d_{x^2-y^2}$ und d_{z^2}) in die Richtung der Liganden. Diese sind also geeignet, mit entsprechenden Orbitalen der Liganden zu σ-MO's kombiniert zu werden. (Im Beispiel sind dies jene Orbitale der Sauerstoff-Liganden, welche die einsamen Elektronenpaare enthalten.) An der Bildung dieser σ-MO's beteiligen sich aber auch die anderen Atomorbitale des Ti, welche in die Richtung der Liganden weisen, nämlich die 4*p*- und das 4*s*-Orbital. Welche Orbitale nun im einzelnen miteinander kombiniert werden müssen, läßt sich mit Hilfe der Gruppentheorie in verhältnismäßig einfacher und übersichtlicher Weise bestimmen (*17*), soll uns aber hier nicht näher beschäftigen. Von Bedeutung für die zu diskutierenden koordinativen Bindungen ist jedoch, daß die verwendeten Ligandenorbitale niedrigere Energie aufweisen als die Metallorbitale. (Das gilt wahrscheinlich für die meisten stabilen Übergangsmetall-Komplexe). Die entstehenden *bindenden* MO's tragen daher weitgehend den Charakter der Liganden-Orbitale, während die *antibindenden* MO's überwiegend Metall-Orbitale sind. In Abb. 3 ist diese Situation in stark

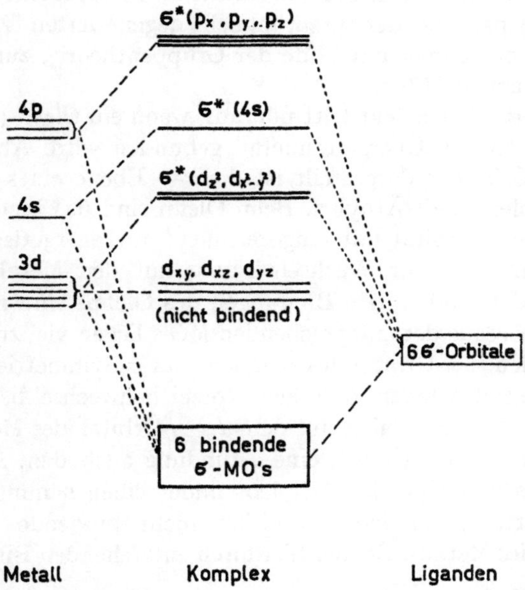

Abb. 3. Qualitatives Energieschema der MO's eines oktaedrischen Übergangsmetall-Komplexes (1. Reihe des P.S.) mit 6 σ-Liganden; z. B. $[Ti(H_2O)_6]^{3+}$

vereinfachter Weise dargestellt. Zu beachten sind die drei d-Orbitale d_{xz} d_{yz} und d_{xy}, die zwischen die Koordinatenachsen des oktaedrischen, Komplexes weisen; sie finden in dem betrachteten Komplex keine Liganden-Orbitale vor, mit denen sie überlappen könnten. Sie bleiben „nicht bindend“ und ändern daher ihre Energie nicht. Die ursprünglich entarteten fünf $3d$-Orbitale des Titans sind also in dem betrachteten oktaedrischen Komplex aufgeteilt in zwei Gruppen verschiedener Energie.

Die MO's werden nun, nach dem Aufbauprinzip, mit den vorhandenen Elektronen aufgefüllt. Im Beispiel liegen 6×2 Elektronen von den Liganden, und ein Elektron von Ti(III) vor[1]. Nach Auffüllen der sechs bindenden MO's bleibt also ein Elektron, welches in dem energiegünstigsten, verfügbaren MO zu placieren ist, d. h. also in einem der drei entarteten nichtbindenden Metall $3d$-Orbitale. Der betrachtete Komplex hat somit ein „ungepaartes Elektron“, d. h. er ist paramagnetisch (vgl. Abschnitt 4).

Weist das Zentral-Ion zwei Elektronen auf, wie z. B. in $[V(H_2O)_6]^{3+}$, so werden diese, nach den Regeln von Hund, von je einem der drei energiereichen nicht bindenden Metall $3d$-Orbitale aufgenommen; d. h., sie sind nicht gepaart. Ein solcher Komplex weist entsprechend höheren Paramagnetismus auf.

Bei Komplexen anderer Symmetrie, z. B. bei tetraedrischen Komplexen, wie VCl_4, oder planarquadratischen Komplexen, wie $[PtCl_4]^{2-}$, ist die Aufspaltung der ursprünglich degenerierten Metall-Orbitale anders, ist aber immer mit Hilfe der Gruppentheorie, zumindest qualitativ, berechenbar (*17*).

Ein zusätzlicher Effekt tritt nun auf, wenn ein *Olefin* (z. B. Äthylen) koordinativ an das Übergangsmetall gebunden wird. Abb. 4 zeigt die relevanten Orbitale; dargestellt ist die x–y Ebene eines oktaedrischen Titan-Komplexes mit Äthylen. Beim Olefin sind das bindende und das antibindende π-Orbital mit eingezeichnet; aus energetischen Gründen kommen nur diese zur Wechselwirkung mit den Metall-Orbitalen in Frage. Die C–C und C–H σ-Bindungen des Olefins sind zu stabil, d. h. die Energieniveaus der entsprechenden MO's liegen viel zu tief.

Das bindende π-Orbital des Äthylens hat σ-Symmetrie in bezug auf die Achse Metall-Äthylen (d. h. kein Vorzeichenwechsel bei Drehung um diese Achse). Es kann daher mit dem $d_{x^2-y^2}$-Orbital des Metalls, welches dieselbe Symmetrie aufweist, eine σ-Bindung ausbilden. Aber auch das antibindende π-Orbital des Äthylens findet einen symmetriemäßig geeigneten Partner, nämlich das bisher nicht bindende (vgl. Abb. 3) d_{xy}-Orbital des Metalls. Bei der hierdurch entstehenden Bindung handelt

[1] Die drei Elektronen, die an Gegenionen abgegeben worden sind, werden nicht berücksichtigt, da die Gegenionen nicht am Komplex beteiligt sind. Anders z. B. bei $[Co(CN)_6]^{3-}$.

es sich um eine π-Bindung (einmaliger Vorzeichenwechsel bei Drehung um 180° um die Achse Metall-Äthylen)[2].

Ein Olefin und ein Übergangsmetall sind also prinzipiell in der Lage, eine Art Doppelbindung miteinander einzugehen (*18*). Generell hat dabei das σ-MO eine niedere Energie (d. h. ist stabiler), als das π-MO. Selbstverständlich entstehen auch die entsprechenden antibindenden Metall-Olefin MO's, σ^* und π^*, siehe Abb. 5.

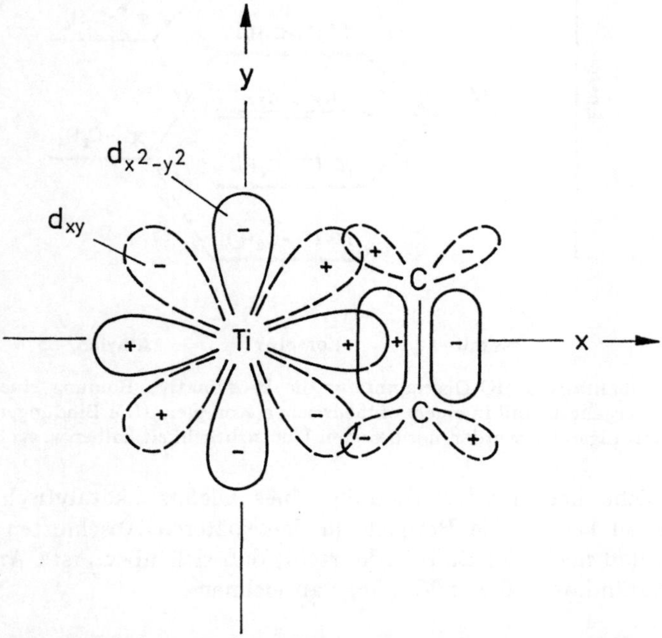

Abb. 4. Koordination eines Olefins (Äthylen) an ein Übergangsmetall (Titan); schematische Darstellung der relevanten Orbitale in der x–y-Ebene des oktaedrischen Komplexes

Für die Stabilität einer solchen Bindung sind im wesentlichen zwei Faktoren von Bedeutung: einmal die relativen Energien der Metall *d*-Orbitale und der Olefin-Orbitale, zum anderen die Zahl der Elektronen, die in den MO's unterzubringen sind. Das bindende MO des Olefins trägt zwei Elektronen bei, das antibindende ist leer; es kommt also wesentlich auf die Zahl der *d*-Elektronen des Metalls an, ob sich eine stabile π-Bindung ausbilden kann. In der Tat gibt es Metall-Olefin-Komplexe, die

[2] Eine Bindung ist durch die Symmetrie der zugrundeliegenden Orbitale als σ- bzw. π-Bindung festgelegt. Im allgemeinen Sprachgebrauch wird jedoch häufig jede Bindung zwischen Metall und Ligand, an der π-Elektronen des Liganden beteiligt sind, ohne Unterscheidung der Symmetrie als „π-Bindung" bezeichnet.

so stabil sind, daß man sie in kristalliner Form isolieren kann (*19*). Für die hier interessierende Katalyse ist das aber offenkundig nicht der Idealzustand. Das Olefin soll zwar koordiniert werden, soll ja aber dann befähigt sein, weiter zu reagieren. Art und Wertigkeit des Metalls sowie die Eigenschaften der übrigen Liganden müssen zusammenwirken, um

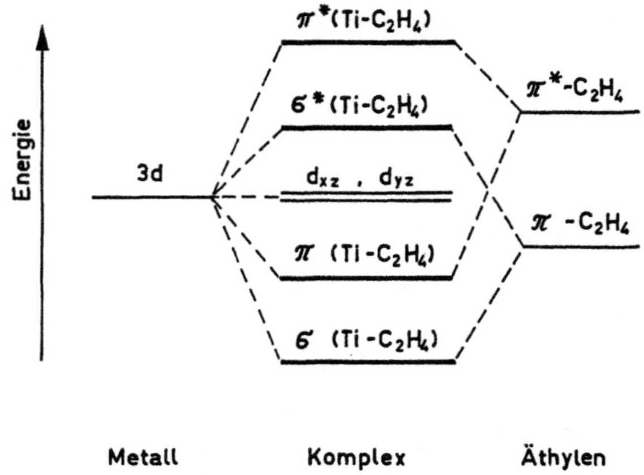

Abb. 5. Qualitatives MO-Diagramm für die koordinative Bindung eines Olefins an ein Übergangsmetall in einem oktaedrischen Komplex. (Die Bindungen mit den übrigen Liganden wurden der besseren Übersichtlichkeit halber weggelassen)

eine solche koordinative Bindung eines Olefins ,,katalytisch aktiv" werden zu lassen. Die Beispiele in den späteren Abschnitten werden zeigen, daß noch viel Empirie herrscht, daß sich aber erste Anzeichen des Verständnisses dieser Vorgänge abzeichnen.

4. Äthylenpolymerisation mit $Cp_2TiRCl/R'AlCl_2$

4.1. Die katalytisch aktive Spezies

Eines der bisher am häufigsten in der Literatur beschriebenen löslichen Ziegler-Natta-Systeme ist das letzte in Tab. 1: Bis(π-cyclopentadienyl)titandichlorid (Cp_2TiCl_2) in Verbindung mit einem Aluminiumalkyl. NATTA (*20*) und BRESLOW (*21*) erwähnten solche Systeme bereits 1957, und CHIEN berichtete 1959 über ausgedehnte kinetische Messungen mit Cp_2TiCl_2 und Dimethylaluminiumchlorid (*22*).

Die hier zu beschreibenden mechanistischen Untersuchungen, deren Ziel es war, die Struktur der katalytisch aktiven Spezies aufzuklären, wurden ebenfalls mit einem solchen System begonnen, nämlich mit Cp_2TiCl_2 und Äthylaluminiumdichlorid ($EtAlCl_2$; hier und im folgenden wird, zwecks Vereinfachung der Formelbilder, für ,,Äthyl" die vom englischen "ethyl" abgeleitete Abkürzung Et verwendet).

Abbildung 6 zeigt die Konfiguration von Cp_2TiCl_2. Die vier Liganden sind etwa tetraedrisch um das zentrale Ti-Atom angeordnet; die Cyclopentadienyl-Ringe sind über π-Bindungen[3] mit dem Metall verknüpft. Diese Verbindung ist in Lösung (z. B. Toluol) stabil. Erst durch Zugabe eines Aluminiumalkyls wird daraus ein Katalysator. Es stellt sich die Frage, in welcher Weise die beiden Komponenten zusammenwirken, um den Katalysator zu bilden, und wie die katalytisch aktive Spezies aussieht.

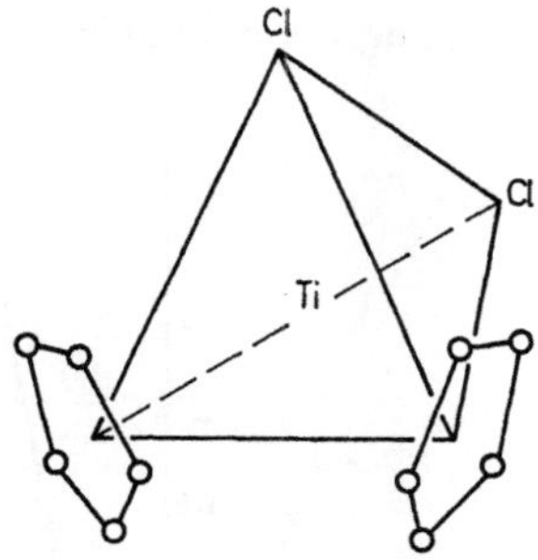

Abb. 6. Ungefähre Struktur von Bis(cyclopentadienyl)titandichlorid, Cp_2TiCl_2

Um diesen Fragenkomplex angehen zu können, muß man berücksichtigen, daß Aluminiumalkyle (und allgemein die metallorganischen Verbindungen der ersten drei Gruppen des periodischen Systems, vgl. Tab. 1) eine ganze Reihe von Aktionsmöglichkeiten aufweisen. In jedem Fall stellen sie *Alkylierungsmittel* dar. Ferner ist jedoch auch bekannt, daß unter der Einwirkung dieser Verbindungen nahezu immer eine *Reduktion* des Übergangsmetalls erfolgt; und schließlich sind sie im allgemeinen gute *Komplexbildner* (die Aluminiumalkyle selbst, z. B. existieren in Lösung bereits als komplexe, „brückengebundene" Dimere). Es erweist sich also als notwendig, abzuklären, welche dieser Aktionsmöglichkeiten für die Bildung einer aktiven Spezies wesentlich sind.

Durch *Alkylierung* wird die Ausgangssubstanz (Abb. 6) in Cp_2TiRCl übergeführt, d.h. ein Cl wird durch eine Alkylgruppe R ersetzt. $Cp_2TiEtCl$ (R = Äthyl) kann leicht präparativ dargestellt und in kristalliner Form isoliert werden (*23*). Trotz der Anwesenheit einer Metall-Kohlenstoff-σ-Bindung ist auch diese Titanverbindung in Lösung äußerst stabil und in Abwesenheit eines Aluminiumalkyls nicht katalytisch aktiv. Die Alkylierung kann also offenkundig nicht die einzige wichtige Aktionsweise des Aluminiumalkyls sein.

Die vergleichende Anwendung der beiden Titanverbindungen Cp_2TiCl_2 und $Cp_2TiEtCl$ mit demselben Aluminiumalkyl und auch sonst unter völlig gleichen Reaktionsbedingungen, als Katalysator für die Polymerisation von Äthylen lehrt aber, daß die Alkylierung zwar nicht

[3] Die Bindung Cp–Ti ist im wesentlichen eine π-Bindung. Von den bindenden π-Orbitalen des aromatischen Fünfrings haben eines σ-, die beiden anderen π-Symmetrie in bezug auf die Achse Ti-Ring. Ersteres ist jedoch energetisch ungünstig (zu stabil); die letzteren aber haben geeignete Überlappungsmöglichkeiten mit $d_{x^2-y^2}$ und d_{z^2}, die in tetraedrischen Komplexen π-Charakter haben (*17*).

ausreichend, aber notwendig ist. Abb. 7 zeigt den großen Unterschied in katalytischer Aktivität zwischen beiden Systemen.

Bei der unteren Kurve fällt außerdem der gekrümmte Verlauf auf, der zeigt, daß in einer „Induktionsperiode" die aktive Spezies erst langsam gebildet werden muß, während im System $Cp_2TiEtCl/EtAlCl_2$ (obere Kurve) die gleich mit voller Geschwindigkeit einsetzende Polymerisation darauf hinweist, daß aller mögliche Katalysator bei Beginn der Messung bereits zur Verfügung ist (vgl. auch die Kurven in Abb. 10).

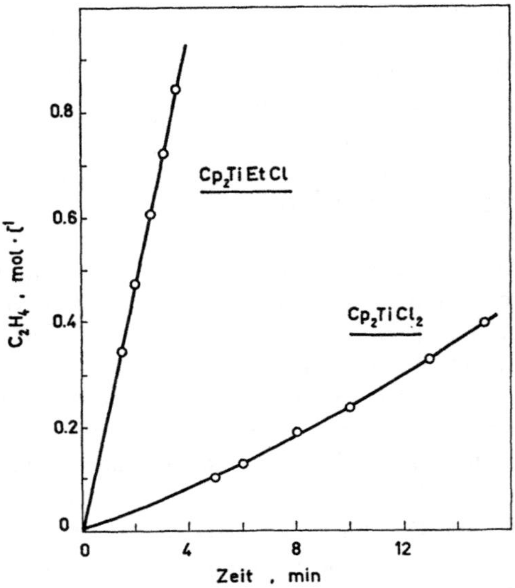

Abb. 7. Polymerisation von Äthylen mit $Cp_2TiCl_2/EtAlCl_2$ bzw. $Cp_2TiEtCl/EtAlCl_2$. T = 0° C; Lösungsmittel: Toluol; Äthylendruck: 710 Torr; [Ti] = 20.10^{-3} mol. l^{-1}; Al/Ti = 2

Nach der Erkenntnis, daß die Alkylierung des Titans zwar nicht ausreichend, aber wesentlich für die Bildung des Katalysators ist, war es naheliegend, das System dadurch zu vereinfachen, daß man von vornherein mit der alkylierten Ti-Spezies arbeitete. Dies war besonders auch deswegen wünschenswert, weil eine vorangegangene ausführliche ESR-spektroskopische Untersuchung des Systems $Cp_2TiCl_2/EtAlCl_2$ (*24*), auf die hier nicht näher eingegangen werden soll, gezeigt hatte, daß sich die Alkylierung in einer Reihe von Gleichgewichten und Folgereaktionen vollzieht, welche den weiteren kinetischen Ablauf unnötig komplizieren.

Als nächstes mußte die im System auftretende *Reduktion* des Übergangsmetalls in bezug auf ihre Bedeutung für die katalytische Aktivität untersucht werden. Die wichtigsten technischen Ziegler-Natta-Katalysatoren basieren bekanntlich auf (unlöslichem) $TiCl_3$; in der hier verwendeten Ausgangssubstanz hingegen befindet sich das Titan zunächst in der Wertigkeitsstufe IV. Die bereits erwähnten frühen Untersuchungen von BRESLOW et al. hatten es wahrscheinlich gemacht, daß bei den löslichen Systemen wenigstens ein Teil des Titan als Ti(IV) vorliegen müsse. Die Frage mußte aber als nicht endgültig geklärt angesehen werden.

Für die Untersuchung des Phänomens Reduktion ergibt sich in den zur Diskussion stehenden Katalysatorsystemen eine besonders günstige Situation. Das Ausgangsmaterial ist diamagnetisch (Ti(IV), Elektronenkonfiguration $3d^0$). Bei der durch Aluminiumalkyl hervorgerufenen Reduktion jedoch entsteht das paramagnetische Ti(III) ($3d^1$). Die Reduktion kann daher vorteilhaft mittels magnetischer Methoden messend verfolgt werden.

Der Verlauf der Reduktion Ti(IV) → Ti(III) im monomerfreien System $Cp_2TiEtCl/EtAlCl_2$ ist in Abb. 8 dargestellt. Die Konzentration

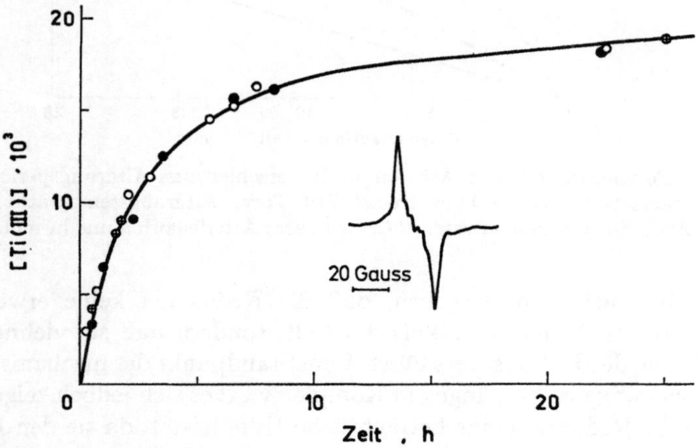

Abb. 8. Reduktion Ti(IV) → Ti(III) im System $Cp_2TiEtCl/EtAlCl_2$ in Toluol. T = 20° C; $[Ti(IV)]_0 = 20 \ .10^{-3}$ mol. l^{-1}; Al/Ti = 2. ● = Ti(III)-Konzentration erhalten aus magnetischer Suszeptibilität; ○ ⊗ = Ti(III)-Konzentration erhalten aus ESR-Spektrum (zwei Ansätze). Ordinate: [Ti(III)]. 10^3, in mol. l^{-1}

des Ti(III) wurde aus der magnetischen Suszeptibilität der Reaktionslösung berechnet (vgl. Abschnitt 2.2). In der Abbildung ist auch das ESR-Signal dargestellt, welches in der Reaktionslösung beobachtet wird. Auch die Intensität dieses Signals kann als Maß für die Konzentration der Ti(III)-Spezies angesehen werden. Diese Daten sind in Abb. 8 mitberücksichtigt.

Aus einer solchen Kurve kann die zu einer bestimmten Zeit vorhandene Konzentration an Ti(III) und an noch nicht reduziertem Ti(IV) abgelesen werden. Setzt man nun Katalysatorlösungen gleicher Zusammensetzung nach verschieden langen Alterungszeiten zur Äthylen-Polymerisation ein, so stellt man fest, daß die Polymerisationsgeschwindigkeit in dem Maße abnimmt, wie Ti(IV) zu Ti(III) reduziert worden ist. (Abb. 9). Der katalytisch aktive Komplex enthält das Titan also offensichtlich in der Wertigkeitsstufe IV.

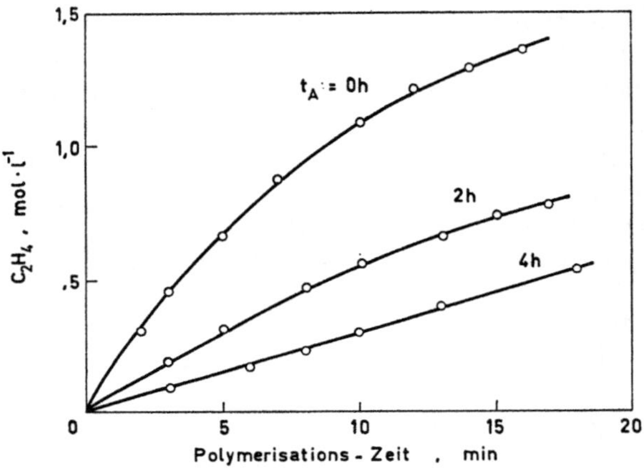

Abb. 9. Polymerisation von Äthylen nach verschiedenen Alterungsperioden (t_A) der Katalysatorlösung. Äthylendruck: 710 Torr; Alterungstemperatur: 20° C; Polymerisationstemperatur: 0° C. Ordinate: Äthylenaufnahme in mol. l^{-1}

Es hat sich somit ergeben, daß die Reduktion keine erwünschte Aktivität des Aluminiumalkyls darstellt, sondern daß sie vielmehr zur Zerstörung des Katalysators führt. Vom Standpunkt der mechanistischen Untersuchung der Vorgänge am Komplex wird es sich jedoch zeigen, daß gerade die Reduktion eine beträchtliche Hilfe leistet, da sie den Einsatz der Elektronenspinresonanz als analytisches Hilfsmittel ermöglicht.

Zunächst soll aber noch die dritte Aktionsmöglichkeit der Aluminiumalkyle einer Diskussion unterzogen werden: die *Komplexbildung*. Daß die beiden Komponenten des Katalysators momentan einen Komplex bilden, folgt aus der Beobachtung der Veränderung der optischen Spektren der Titan-Komponente. Um jedoch einen Anhaltspunkt über die Stöchiometrie dieses Komplexes zu erhalten, verwendeten wir die Polymerisations-Kinetik als experimentelles Hilfsmittel. Wir beobachteten die Geschwindigkeit der Polymerisation von Äthylen bei verschiedenen Verhältnissen Aluminiumalkyl zu Titanverbindung (Al/Ti). Abb. 10 zeigt diese Messungen bei verschiedenen Titankonzentrationen.

(Eine Meßreihe mit Bis(π-cyclopentadienyl)-Oktyl-Titanchlorid, die weiter unten diskutiert werden soll, ist ebenfalls in der Abbildung enthalten.)

Die Abbildung zeigt, daß die Polymerisationsgeschwindigkeit im untersuchten Bereich unabhängig von Al/Ti ist (siehe aber Abschnitt 4.3).

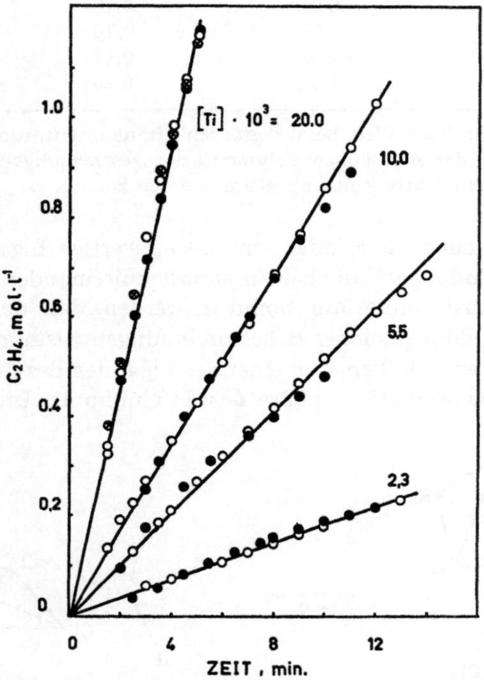

Abb. 10. Äthylenpolymerisation mit $Cp_2TiRCl/EtAlCl_2$ in Toluol. Äthylendruck 710 Torr; T = 0° C. ○: Al/Ti = 1,2; R = Äthyl. ●: Al/Ti = 2,0; R = Äthyl. ⊗: Al/Ti = 2,0; R = Oktyl

Die Polymerisation setzt scharf, ohne meßbare Induktionsperiode ein, und die Geschwindigkeit ist in guter Näherung proportional der eingesetzten Titan-Konzentration (siehe Tab. 2).

Diese Untersuchungen gestatten die Schlußfolgerung, daß die aktive Spezies einen 1:1-Komplex aus Titanverbindung und Aluminiumalkyl darstellt, welcher sich sehr schnell nach dem Mischen der beiden Komponenten und quantitativ in bezug auf die Titanverbindung, bildet.

Um sich ein Bild über die Konfiguration dieses 1:1-Komplexes zu machen, muß berücksichtigt werden, daß sowohl Titan, als auch Aluminium zur Ausbildung von bimetallischen „Brückenkomplexen"

Tabelle 2. *Proportionalität zwischen Anfangsgeschwindigkeit der Polymerisation, v_P, und Titan-Konzentration. (Vgl. Abb. 10)*

$[Ti(IV)]_0 \cdot 10^3$ mol . l^{-1}	$v_P \cdot 10^3$ mol . l^{-1} . sec^{-1}	$v_P/[Ti(IV)]_0$
2,3	0,30	0,13
5,5	0,87	0,16
10,0	1,43	0,14
20,0	4,0	0,20[a]

[a] Der etwas zu hohe Wert bei der größten Titankonzentration ist dadurch begründet, daß bei der sehr hohen Polymerisationsgeschwindigkeit die Reaktionswärme nicht mehr effektiv genug abgeleitet werden konnte.

neigen, bei welchen Cl, H oder sonstige einwertige Liganden über sog. „Dreizentrenbindungen" die beiden Metalle miteinander verknüpfen. Es soll hier zunächst einmal angenommen werden, daß der 1:1-Komplex durch die Ausbildung solcher Brückenbindungen zustande kommt. Dies macht es dann erforderlich, daß einer der Liganden des Aluminium einen Platz in der Koordinationssphäre des Ti einnimmt. Im tetraedrischen

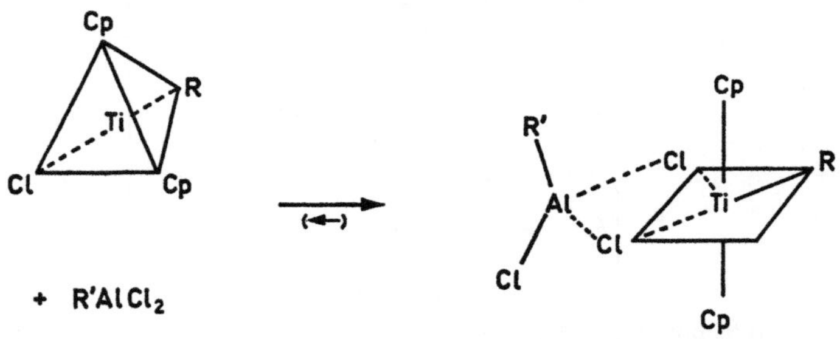

Abb. 11. Übergang von tetraedrischer zu oktaedrischer Umgebung des Titan bei Komplexbildung (*24*)

Komplex (Abb. 6) ist dafür offensichtlich kein Platz frei. Dieses Erfordernis zwingt daher das Titan zur Annahme einer oktaedrischen Struktur (Abb. 11)[4].

Ein solcher Wechsel der Symmetrie macht nicht nur mehr Koordinationsplätze verfügbar, sondern verändert auch wesentlich die Bindungs-

[4] Das Konzept „oktaedrische Struktur" ist zu einem gewissen Grade eine Fiktion bei einem Komplex mit so vielen verschiedenen Liganden, erleichtert jedoch Diskussion und zeichnerische Darstellung. Es wäre aber z. B. auch denkbar, daß die Umgebung des Titans im pentakoordinierten Komplex (Abb. 11) eher einer trigonalen Bipyramide ähnlich ist, und erst bei Annäherung eines sechsten Liganden in die angenommene (pseudo-)oktaedrische Symmetrie übergeht. Die nachfolgenden Diskussionen wären dadurch nicht beeinträchtigt.

verhältnisse im Komplex. So wird es verständlich, daß die Titan-Kohlenstoff-Bindung, die im tetraedrischen Ausgangsprodukt völlig stabil war, nun destabilisiert, d. h. reaktiv wird. Diese Destabilisierung zeigt sich einerseits in der Tatsache, daß Reduktion Ti(IV) → Ti(III) eintritt (durch Eliminierung der Alkylgruppe R am Titan, wie weiter unten gezeigt wird), zum anderen aber darin, daß in Gegenwart von Äthylen nun die Polymerisation gestartet werden kann. Es ist anzunehmen, daß die Aluminiumbrücke in trans-Stellung zur Alkylgruppe R zur Schwächung der Ti–R-Bindung beiträgt. Die Kombination von destabilisierter Ti–R-Bindung mit einer benachbarten Leerstelle, im oktaedrischen Komplex, wird als das aktive Zentrum angenommen, an welchem die Polymerisation stattfindet.

Diese Formulierung des Katalysators stellt zunächst eine Arbeitshypothese dar. Durch eine Reihe weiterer Untersuchungen, welche im nächsten Abschnitt beschrieben werden, kann sie jedoch sehr wahrscheinlich gemacht werden.

4.2. Stützung des Katalysator-Modells durch ESR-spektroskopische und reduktionskinetische Untersuchungen

Voranstehend leiteten wir für die aktive Spezies in Systemen der allgemeinen Formel $Cp_2TiRCl/R'AlCl_2$ die Struktur

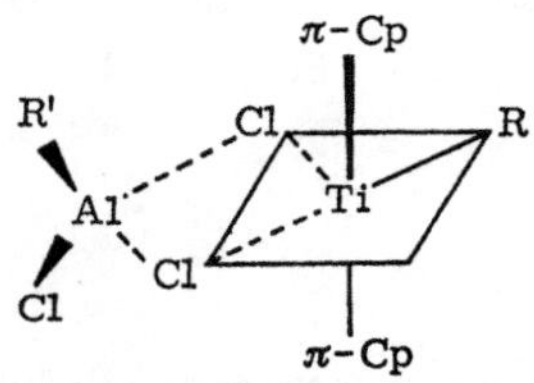

(4)

ab. Diese Struktur konnte wesentlich gestützt werden durch *ESR-spektroskopische Untersuchungen* an monomerfreien Katalysatorlösungen, über welche im folgenden berichtet wird.

Wie bereits erwähnt, weisen die Katalysatorlösungen ESR-Spektren auf (vgl. Abb. 8). Die Signalintensität nimmt mit der Zeit zu, in dem Maße, wie im System Ti(IV) zu Ti(III) reduziert wird. Die Form der Spektren hängt etwas von der verwendeten Aluminium-Komponente ab.

In Abb. 12 sind ganz rechts die ESR-Signale dargestellt, die man erhält, wenn $Cp_2TiEtCl$ mit $AlCl_3$ (oben), $EtAlCl_2$ (Mitte), bzw. Et_2AlCl (unten) zusammengegeben wird. Diese Signale können eindeutig den jeweils links daneben stehenden Ti(III)–Al-Komplexen zugeordnet werden, da letztere von einigen Autoren, auf verschiedene Weise, präparativ hergestellt, und ihre ESR-Spektren publiziert worden sind (*26, 27*). Auch die Brückenstruktur dieser Komplexe, welche sich nur durch die

Liganden auf der Aluminium-Seite unterscheiden, ist durch Röntgen-Strukturanalyse sichergestellt (*28, 29*).

Die ESR-Signale können somit zur eindeutigen Identifizierung des Endproduktes der Reduktion in den drei Systemen herangezogen werden.

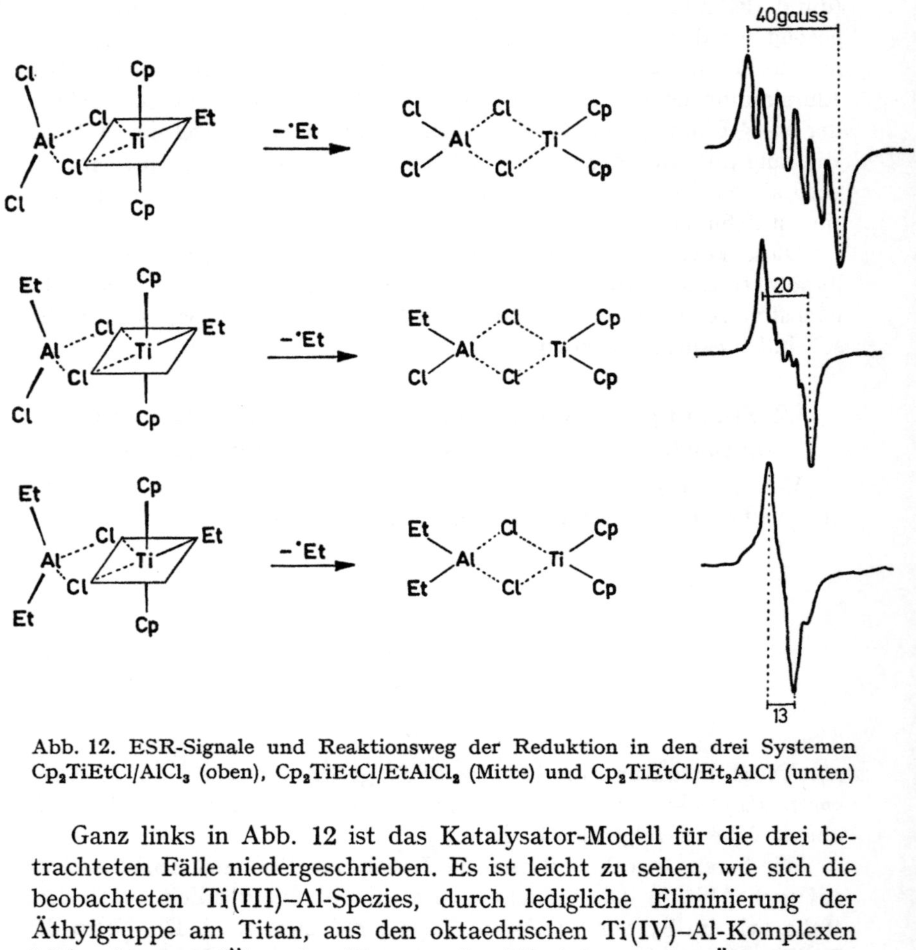

Abb. 12. ESR-Signale und Reaktionsweg der Reduktion in den drei Systemen $Cp_2TiEtCl/AlCl_3$ (oben), $Cp_2TiEtCl/EtAlCl_2$ (Mitte) und $Cp_2TiEtCl/Et_2AlCl$ (unten)

Ganz links in Abb. 12 ist das Katalysator-Modell für die drei betrachteten Fälle niedergeschrieben. Es ist leicht zu sehen, wie sich die beobachteten Ti(III)–Al-Spezies, durch lediglich Eliminierung der Äthylgruppe am Titan, aus den oktaedrischen Ti(IV)–Al-Komplexen bilden können. (Über den Vorgang der Eliminierung der Äthylgruppe siehe Abschnitt 4.3) Eine leichte Veränderung der Cl–Ti–Cp-Winkel bringt das Titan in etwa tetraedrische Umgebung, wie dies für die Ti(III)-Brückenkomplexe berichtet wurde (*28, 29*).

Wichtig für die Beurteilung der Vorgänge am katalytisch aktiven Ti(IV)–Al-Komplex ist auch die Untersuchung der *Geschwindigkeit* der Reduktion in den erwähnten Systemen. Offensichtlich stellt diese Reduktionsgeschwindigkeit ja ein direktes Maß für die Bindungsfestigkeit der Titan-Kohlenstoff-σ-Bindung (Ti–Et) dar. Abb. 13 zeigt einen starken Anstieg der Geschwindigkeit in der Reihe $AlCl_3 < EtAlCl_2 < Et_2AlCl$.

Dieser kinetische Befund unterstreicht die Bedeutung der Aluminiumbrücke für die Stabilität der Titan-Kohlenstoff-Bindung. Solange alle Liganden am Aluminium Chloratome sind, ist die Bindung Ti–C relativ stabil, und nur eine sehr langsame Reduktion wird beobachtet. Ersetzt man

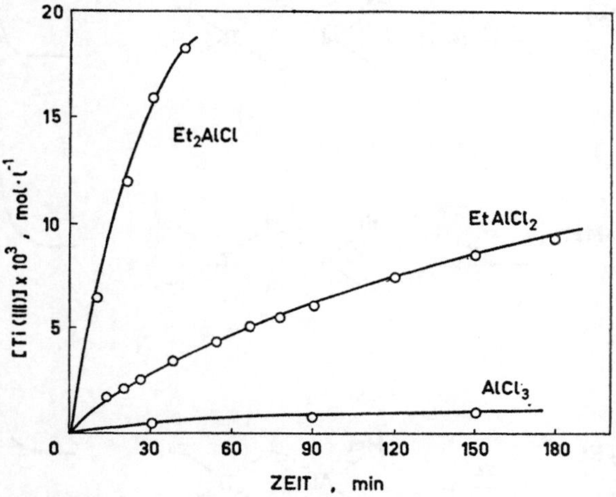

Abb. 13. Reduktion von $Cp_2TiEtCl$ mit verschiedenen Aluminium-Verbindungen, in Toluol. $T = 15°$ C; $[Ti(IV)]_0 = 20.10^{-3}$ mol. l^{-1}; Al/Ti = 2; Lösungsmittel: Toluol; Meßgröße: Magnetische Suszeptibilität der Reaktionslösung

jedoch ein oder gar beide exocyclischen Cl durch den Elektron-Donator-Liganden Äthyl, so wird die Bindung in zunehmendem Maße, und ganz beträchtlich, destabilisiert. (Mit Et_3Al ist die Reduktion sogar bereits unmeßbar schnell unter den gegebenen Bedingungen). Offensichtlich beeinflussen die Liganden am Aluminium, über die Chlorbrücke hinweg, die Elektronenverteilung im ganzen Komplex.

Daß dies wirklich so ist, kann auch direkt am ESR-Signal der reduzierten Verbindungen abgelesen werden. Das Sechs-Linien-Signal in Abb. 12 oben ist auf die Wechselwirkung des ungepaarten Elektrons des Ti(III) mit dem Kern des Al (I = 5/2) zurückzuführen. Der Abstand der Linien ist ein Maß für die Aufenthaltswahrscheinlichkeit des ungepaarten Elektrons am Aluminium-Kern. Bei Betrachten des mittleren Signals wird deutlich, daß das Ersetzen eines Chlorliganden durch den Elektron-Donator-Liganden Äthyl zu einer deutlichen Verminderung der Aufenthaltswahrscheinlichkeit des ungepaarten Elektrons am Ort des Al führt; die sechs Linien liegen jetzt so dicht beieinander, daß keine vollständige Auflösung mehr möglich ist. Der Donator-Ligand Et wirkt der Delokalisierung des ungepaarten Elektrons des Ti(III) entgegen. Die Einführung eines weiteren Äthyl-Liganden am Al führt folgerichtig dann zu einer weiteren Verminderung der Gesamt-Signalbreite; eine Hyperfeinstruktur ist nur noch ganz schwach angedeutet.

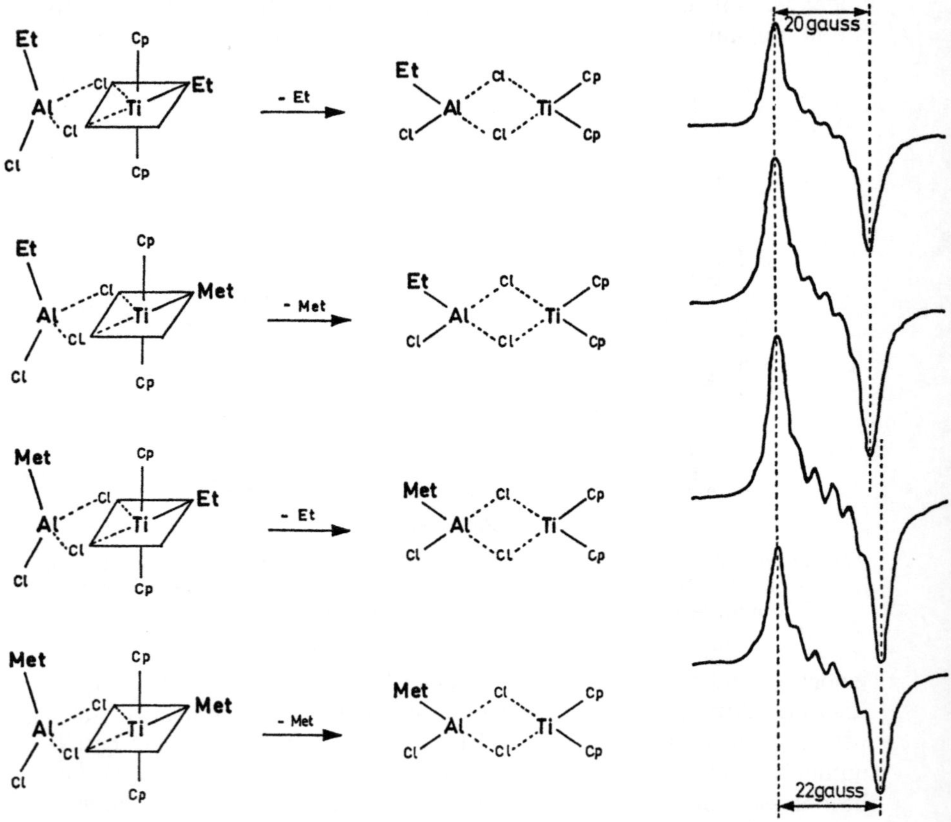

Abb. 14. ESR-Signale und Reaktionsweg der Reduktion in Katalysatorsystemen $Cp_2TiRCl/R'AlCl_2$. $[Ti(IV)]_0 = 20 \cdot 10^{-3}$ mol. l^{-1}; Al/Ti = 2; T = 20° C; Lösungsmittel: Toluol. (Die Spektren wurden bei ca. 20% Reduktion aufgenommen)

Diese ESR-Beobachtungen in Verbindung mit den gemessenen Reduktions-Geschwindigkeiten (Abb. 13) erlauben den Schluß, daß zunehmende Elektronendichte am Titan die Ausstoßung der Titanständigen Alkylgruppe erleichtert.

Dieselbe Folgerung kann auch aus der in Abb. 14 dargestellten Meß-Serie gezogen werden (*30*). Hier werden, rechts, die ESR-Signale dargestellt, welche in den Systemen mit R = R' = Et; R = R' = Met; sowie den beiden gemischten Systemen R = Et, R' = Met und R = Met,

R′ = Et erhalten werden. (R = Ligand am Titan, R′ = Ligand am Al; Met = Methyl). Die Hyperfein-Struktur des Signals (6 unvollständig aufgelöste, gleichwertige Linien) beruht auch hier auf der Wechselwirkung des ungepaarten Elektrons des Ti (III) mit dem Al-Kern.

Die Äthylgruppe ist ein besserer Elektronen-Donator als die Methylgruppe. Dieser Unterschied führt bei Übergangsmetallen mitunter zu stark ausgeprägten Effekten (*31*). Im vorliegenden Beispiel wirkt R′ = Et der Delokalisierung des ungepaarten Elektrons des Ti (III)

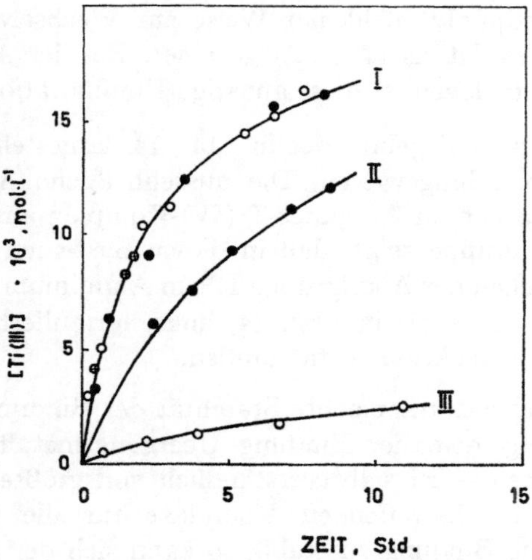

Abb. 15. Konzentration der bei der Reduktion entstehenden Ti (III)-Komplexe, als Funktion der Zeit (*30*). Oberste Kurve: R = Et; R′ = Et; mittlere Kurve: R = Et; R′ = Met; unterste Kurve: R = Met; R′ = Met. ●: aus Messungen der magnetischen Suszeptibilität; ○ ⊕: aus der Intensität der ESR-Signale

stärker entgegen, als R′ = Met; als Folge davon ist die Spindichte am Al-Kern bei R′ = Et geringer (kleinerer Abstand der Hyperfein-Linien im ESR-Signal). Ein entsprechender Einfluß der Donator-Liganden am Al auf die Elektronenverteilung im gesamten Komplex ist auch für die zugrunde liegenden Ti (IV)-Spezies zu erwarten und läßt sich in der Tat experimentell nachweisen mit Hilfe der Reduktionsgeschwindigkeiten. Je größer die Donatorfähigkeit von R′, desto größer ist die Elektronendichte am Ti, desto instabiler somit die Bindung Ti–C. In Abb. 15 sind die Reduktionsgeschwindigkeiten für die beiden Systeme $Cp_2TiEtCl/EtAlCl_2$ (obere Kurve) und $Cp_2TiEtCl/MetAlCl_2$ (mittlere Kurve) miteinander verglichen. Die beträchtliche Verminderung der Geschwindigkeit im zweiten Fall ist in guter Übereinstimmung mit dem hier diskutierten Katalysatormodell.

Auffällig ist jedoch der Unterschied in der Stabilität der Ti–R-Bindung für R = Met und R = Et, unter sonst gleichen Bedingungen (vgl. die unterste und die mittlere Kurve in Abb. 15). Die größere Stabilität der Ti–Met-Bindung läßt sich interpretieren auf der Basis des Mulliken Modells für die CH_3-Gruppe (*32*). Letzteres betrachtet die Methylgruppe bekanntlich als dreifach gebundene $-C{\equiv}H_3$ Spezies, wobei „H_3" als Pseudoatom, mit drei Orbitalen und drei Elektronen, behandelt wird. Die beiden senkrecht zur Achse $C–H_3$ stehenden π-Molekülorbitale (bzw. die zugehörigen antibindenden MO's) sind vom Symmetrie-Standpunkt in idealer Weise zur Wechselwirkung mit den d-π-Orbitalen des Titans (d_{xz}, d_{yz}) geeignet. Bei der Äthylgruppe und den höheren Homologen ist diese günstige Konfiguration nicht gegeben.

Auf ein weiteres Ergebnis der in Abb. 14 dargestellten ESR-Untersuchung sei noch hingewiesen. Die ausschließliche Abhängigkeit der Signalbreite von der im Ausgangs-Ti(IV)-Komplex am *Aluminium* befindlichen Alkylgruppe zeigt, daß in diesen Systemen kein merklicher Austausch zwischen der Alkylgruppe R' am Aluminium und R am Titan eingetreten ist, bevor die in Abb. 14, links, formulierten, relativ langsamen Reduktionsreaktionen stattfanden.

Die voranstehend untersuchte Stabilität der Bindung Titan-Kohlenstoff — und allgemein der Bindung Übergangsmetall-Kohlenstoff bei anderen Systemen — ist selbstverständlich von größter Bedeutung für die Aktivität der betreffenden Komplexe für die Polymerisations-Katalyse. Ist die Bindung zu stabil, so kann sich der Polymerisationsschritt (vgl. Abschnitt 4.5.) nicht vollziehen; so ist beispielsweise das System $Cp_2TiEtCl/AlCl_3$ nur ein sehr schwacher Katalysator für die Polymerisation von Äthylen. Ist die Bindung aber zu labil, so wird die Alkylgruppe zu schnell aus dem Komplex ausgestoßen, ohne daß Polymerisation stattfinden kann. Dies ist z. B. im untersuchten System bei Verwendung von Et_3Al der Fall. Die hier beschriebenen Untersuchungen der Reduktionsgeschwindigkeit, in Verbindung mit den ESR-Spektren, haben daher nicht nur das vorgeschlagene Katalysator-Modell zu stützen vermocht, sondern sie haben auch gezeigt, daß es durchaus möglich ist, auf die Aktivität eines Katalysators durch die Veränderung der Liganden im Komplex in gezielter Weise Einfluß zu nehmen. Dabei ist es sicher nicht unbedingt erforderlich, daß diese Beeinflussung der Bindung Übergangsmetall-Alkylgruppe durch die Liganden eines brückengebundenen Aluminiums geschieht. Es sind vielmehr auch Fälle bekannt, bei denen Äthylen mit Misch Katalysatoren polymerisiert wurde, welche Verbindungen zweier Übergangsmetalle mit unterschiedlicher Wertigkeit und/oder Ligandenbesetzung enthalten (*33*), z. B. $Cp_2Ti(CH_3)_2 + TiCl_4$, oder $CH_3TiCl_3 + VCl_4$. Ein anderes Beispiel stellt der bereits erwähnte Phillips-Katalysator (*4*, *5*) dar, bei dem wahrscheinlich die Bindung Cr(III)–R durch benachbartes Cr(VI) aktiviert wird. (Siehe Abschnitt 8). Dieses Prinzip der Beeinflussung der Reaktivität durch andere Liganden dürfte auch bei anderen katalytischen Prozessen an Übergangsmetallen eine Rolle spielen.

4.3. Reaktionsordnung und Mechanismus der Öffnung der Bindung Ti-R

Für die mechanistische Untersuchung der Vorgänge am Komplex ist neben Reduktionsgeschwindigkeit und ESR-Signal auch noch die Reaktionsordnung des Reduktionsprozesses von Bedeutung. Für das am

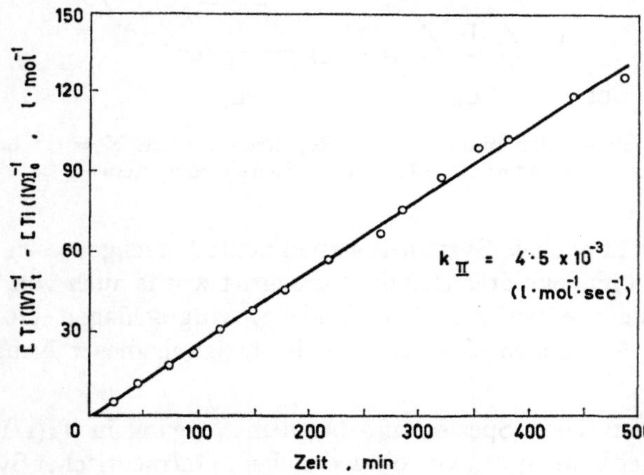

Abb. 16. Reduktion nach der zweiten Ordnung im System $Cp_2TiEtCl/EtAlCl_2$. T = 20° C; 70% Reduktion nach ca. 400 min

sorgfältigsten untersuchte System $Cp_2TiEtCl/EtAlCl_2$ konnte gezeigt werden, daß die Reduktion bis zu 70% Umsatz streng nach der zweiten Ordnung verläuft. Abb. 16 zeigt dies in der üblichen Darstellungsweise. (Die notwendigen Daten können leicht aus den Meßwerten der Abb. 8 errechnet werden, nach $[Ti(IV)]_t = [Ti(IV)]_0 - [Ti(III)]_t$).

Der Austritt der Alkylgruppe am Titan im Verlauf der Reduktion wurde im vorangehenden Abschnitt lediglich aus dem ESR-Spektrum der Ti(III)-Spezies gefolgert, ohne auf den Mechanismus dieses Vorganges näher einzugehen. Das kinetische Ergebnis der Abb. 16 verweist nun aber auf eine bimolekulare, gegenseitige Reduktion (= Desaktivierung) zweier Komplex-Einheiten und schließt ein spontanes, monomolekulares Ausstoßen der Alkylgruppe aus.

Der bimolekulare Vorgang kann, andererseits, mit dem vorgeschlagenen Katalysatormodell gut in Einklang gebracht werden, wie in Abb. 17 gezeigt wird.

Ein β-Wasserstoff der Äthylgruppe einer zweiten Komplex-Einheit nimmt den leeren Platz am Titan ein. Die Wechselwirkung zwischen dem Wasserstoff und dem Metall führt zu einer zusätzlichen Schwächung der bereits durch die Al-Brücke destabilisierten Ti–C-Bindung (vide infra). Die Äthylgruppe übernimmt den Wasserstoff und entweicht als Äthan. Das übrigbleibende Radikal am rechtstehenden Komplex stabilisiert sich als Äthylen, und entweicht ebenfalls aus dem Komplex. Beide Gase

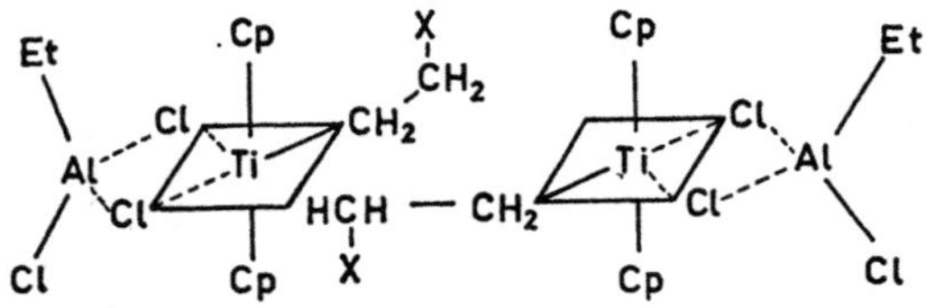

Abb. 17. Modell für den bimolekularen Reduktionsschritt. X = H: Katalysatorsystem; X = R: polymerisierendes System

wurden bei ähnlichen Systemen experimentell nachgewiesen (*34*, *35*). Ein solcher bimolekularer Reduktionssschritt wurde auch von Sinn, auf Grund anderer experimenteller Evidenz, vorgeschlagen (*36*). Unsere kinetischen Messungen sind als gute Bestätigung dieser Annahme anzusehen.

Die beiden Titan-Spezies sind bei dem Vorgang in Ti(III) übergegangen, unter Umklappen von oktaedrischer in tetraedrischer Symmetrie, wie dies in den Abb. 12 und 14 bereits formuliert wurde.

Wir haben oben eine zusätzliche Destabilisierung der Ti–C-Bindung durch die benachbarte Koordination eines Wasserstoffes postuliert. Daß diese Destabilisierung sehr wahrscheinlich ist, läßt sich anhand eines vereinfachten qualitativen MO-Schemas ablesen. In Abb. 18 sind, in dem üblichen Energieschema, die Energie-Niveaus der relevanten Atom- und Molekül-Orbitale dargestellt. Der Komplex besitzt eine Reihe stabiler, besetzter, σ- und π-bindender Molekülorbitale, welche die Bindungen zwischen dem Metall und den Liganden Cp und Cl (Brücke) bewerkstelligen, und die in diesem Zusammenhang nicht weiter interessieren. Das höchste besetzte Orbital ist sicher das relativ unstabile ψ_1, welches für die σ-Bindung Ti-Äthyl verantwortlich ist. Das Orbital ψ_2 existiert nicht in Abwesenheit der zweiten Komplex-Einheit. Aber das Metall weist, wegen der Leerstelle und des nur σ-gebundenen Et, noch einige nichtbindende Orbitale auf, die in Ti(IV) unbesetzt sind.

Wichtig für die Stabilität der Bindung Ti–Et ist der Energieunterschied ΔE zwischen dem höchsten besetzten, und dem niedersten unbesetzten Orbital. Diese Energie ist nämlich nötig, um ein Elektron von ψ_1 auf das nächste, leere Niveau anzuheben. Durch eine solche Anregung, welche z. B. durch thermische Energie hervorgerufen werden kann, werden die beiden Elektronen, welche die Bindung Ti–Et bewerkstelligen, entkoppelt; die Äthylgruppe kann als Radikal ausgestoßen werden, bzw. innerhalb des Komplexes weiterreagieren.

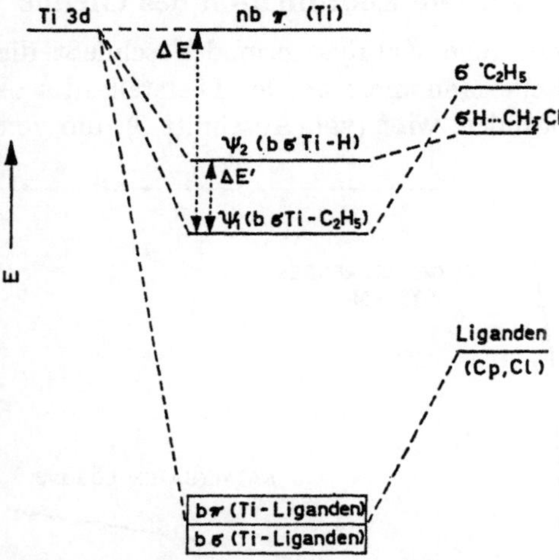

Abb. 18. Vereinfachte qualitative MO-Darstellung des Einflusses der Koordination eines H-Atoms auf die Festigkeit der Bindung Ti–C in der linken Komplex-Einheit der Abb. 17. (Antibindende MO's nicht mit eingezeichnet)

Tritt nun aber ein Wasserstoff-Atom der Äthylgruppe einer zweiten Komplex-Einheit (in der Abb. 18 angedeutet durch H . . . CH_2–CH_2–) in Wechselwirkung mit dem Titan, so bildet sich das schwach bindende MO ψ_2 aus. Daß eine derartige Wechselwirkung zwischen dem ls-Orbital des Wasserstoffes und einem Titan-Valenzorbital energetisch möglich ist, wurde durch ESR-Spektroskopie erwiesen; bei mindestens zwei Ti–H-Komplexen konnte diese Wechselwirkung gemessen werden (*37*, *38*). Obwohl die ESR dieses Phänomen naturgemäß nur an paramagnetischen Ti(III)-Komplexen darstellen kann, darf wohl angenommen werden, daß auch Ti(IV) zu solcher Wechselwirkung in der Lage ist.

Die Energiedifferenz zwischen dem obersten, vollbesetzten MO ψ_1 und dem zumindest teilweise leeren MO ψ_2 beträgt unter diesen Umständen nur noch $\Delta E'$. Mit anderen Worten: eine geringere Energie ist nötig, um die Elektronen der Bindung Ti–Et zu entkoppeln und damit die Reduktionsreaktion in die Wege zu leiten. Die Wechselwirkung Ti–H macht also ein energetisch vorteilhaft liegendes Orbital verfügbar und begünstigt auf diese Weise den gesamten Reduktionsprozeß. Wir werden einer ganz ähnlichen Situation später nochmals begegnen.

Es sei darauf hingewiesen, daß diese MO-Interpretation der zusätzlichen Destabilisierung der Ti-Alkyl-Bindung durch die Koordination des Wasserstoffes analog der MO-Beschreibung der Koordination des Monomeren durch Cossee (*12*) ist (vgl. Abschnitt 4.4).

4.4. Die Koordination des Olefins

Das vorgeschlagene Katalysatormodell schließt die Annahme ein, daß das olefinische Monomere an der Leerstelle des oktaedrischen Ti-Komplexes koordiniert wird (vgl. Abschnitt 3), um von dort aus in die

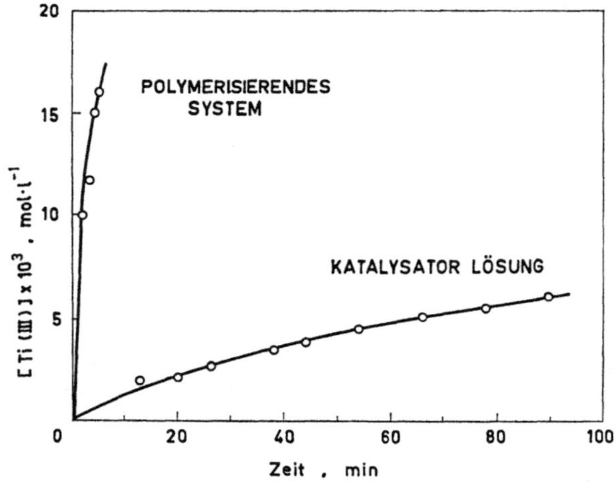

Abb. 19. Reduktion Ti(IV) → Ti(III) im System $Cp_2TiEtCl/EtAlCl_2$ in Abwesenheit (unten) und Anwesenheit (oben) von Äthylen. T = 20° C

wachsende Kette eingebaut zu werden. In diesem Abschnitt wird der experimentelle Beweis für diesen Koordinations-Vorgang erbracht, und weiterhin diskutiert, welche Folgen die Koordination eines Olefins auf die weiteren Prozesse am Komplex hat.

Die in den letzten beiden Abschnitten behandelte Reduktion Ti(IV) → Ti(III) wurde bisher nur in Abwesenheit von Monomerem untersucht. Läßt man das Katalysatorsystem jedoch mit Äthylen in Berührung kommen, so beobachtet man eine ganz wesentliche Beschleunigung der Reduktion. Für das System $Cp_2TiEtCl/EtAlCl_2$ ist dies in Abb. 19 dargestellt. Die Bestimmung der Ti(III)-Konzentration im polymerisierenden System ist naturgemäß nicht sehr genau, da die

Messung durch ausfallendes Polymeres stark gestört ist; die angegebenen Werte wurden aus der ESR-Signalintensität gewonnen. (Katalysator-Lösung und Äthylen befanden sich dazu in einem ESR-Meßröhrchen, welches mit einem Äthylen enthaltenden Kolben verbunden war). Abb. 19 zeigt aber klar den großen Einfluß des Monomeren auf die Reduktionsgeschwindigkeit.

Berücksichtigt man den Reduktionsverlauf nach der zweiten Ordnung im monomerfreien System (Abb. 16), sowie die Tatsache, daß CHIEN (*22*) für ein ähnliches System (Cp_2TiCl_2/Met_2AlCl/Äthylen) zeigen konnte, daß im polymerisierenden System der Kettenabbruch ebenfalls nach der zweiten Ordnung verläuft, so läßt sich der Reduktionsvorgang für beide in Abb. 19 dargestellten Fälle durch Abb. 17 wiedergeben (mit $X = H$ für den Katalysator, und $X = R =$ wachsende Kette für das polymerisierende System).

Zwei wesentliche Unterschiede zwischen Katalysator-System und polymerisierenden System lassen sich dann aus Abb. 17 ablesen. Einerseits stammt im polymerisierenden System das Wasserstoff-Atom, welches von einer Komplex-Einheit auf die andere übertragen werden muß, aus der β-Methylengruppe der wachsenden Kette, beim Katalysator hingegen aus der Methylgruppe des Äthyl-Liganden des Titan. Die Dissoziationsenergie für eine C–H-Bindung in einer $>CH_2$-Gruppe ist ca. 3 kcal niederer als jene für $-CH_3$; dieser Unterschied könnte den gesamten komplizierten Reduktionsvorgang ohne Zweifel begünstigen. Um diese Hypothese zu testen, untersuchten wir das Reduktionsverhalten des Katalysator-Systems $Cp_2Ti(Oktyl)Cl/EtAlCl_2$, in Abwesenheit von Monomerem. Die n-Oktylgruppe kann hierbei als Modell einer wachsenden Polyäthylen-Kette angesehen werden. Abb. 20 zeigt, daß tatsächlich in diesem System eine beträchtlich erhöhte Reduktionsgeschwindigkeit vorliegt (Kurve IV, im Vergleich mit Kurve I).

Andererseits kann nun aber in Gegenwart von Äthylen auch die Leerstelle der rechtsständigen Komplex-Einheit (vgl. Abb. 17) durch ein koordiniertes Monomermolekül besetzt sein. Nach COSSEE (*12*)[5] ruft dies einen ganz ähnlichen Effekt hervor, wie im vorigen Abschnitt für die Koordination eines H-Atoms beschrieben wurde: auch hier wird ein energetisch günstig liegendes MO verfügbar gemacht, wodurch die thermische Anregung der benachbarten Ti–C-Bindung erleichtert ist. Die der Abb. 18 völlig analoge Situation ist in Abb. 21 dargestellt. (Man beachte, daß die MO's ψ_0 und ψ_2 in Abwesenheit einer koordinierten

[5] Das Cossee'sche Modell des Ziegler-Natta-Katalysators sieht keine Brückenbindungen zwischen Übergangsmetall und Aluminium vor, sondern betrachtet das Aluminiumalkyl lediglich als Alkylierungsmittel. Vergleiche aber hierzu die in Abschnitt 4.2. mitgeteilte Beeinflussung der Stabilität der Titan-Kohlenstoff-Bindung durch die Liganden des Aluminium.

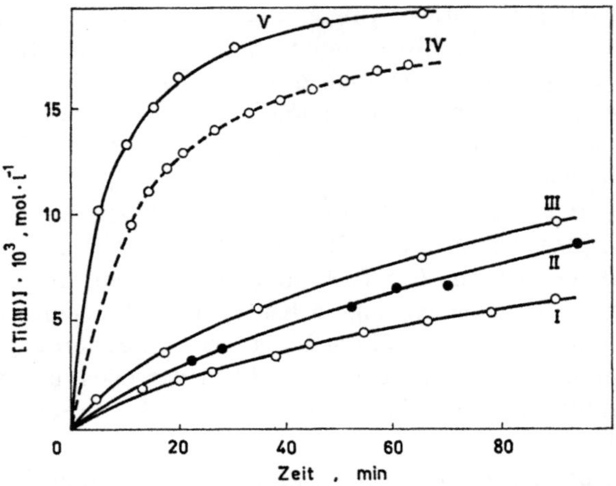

Abb. 20. Reduktion Ti(IV) → Ti(III) in Systemen $Cp_2TiRCl/EtAlCl_2$ (*39*). [Ti] = 20 .10^{-3} mol. l^{-1}; Al/Ti = 2; T = 20° C; Lösungsmittel: Toluol. ——: R = Et; ohne Zusatz (I); mit trans-2-Okten (II), cis-2-Okten (III), und *n*-1-Okten (V); - - - -: R = Oktyl, ohne Zusatz (IV) ([Okten] = 20 .10^{-3} mol. l^{-1})

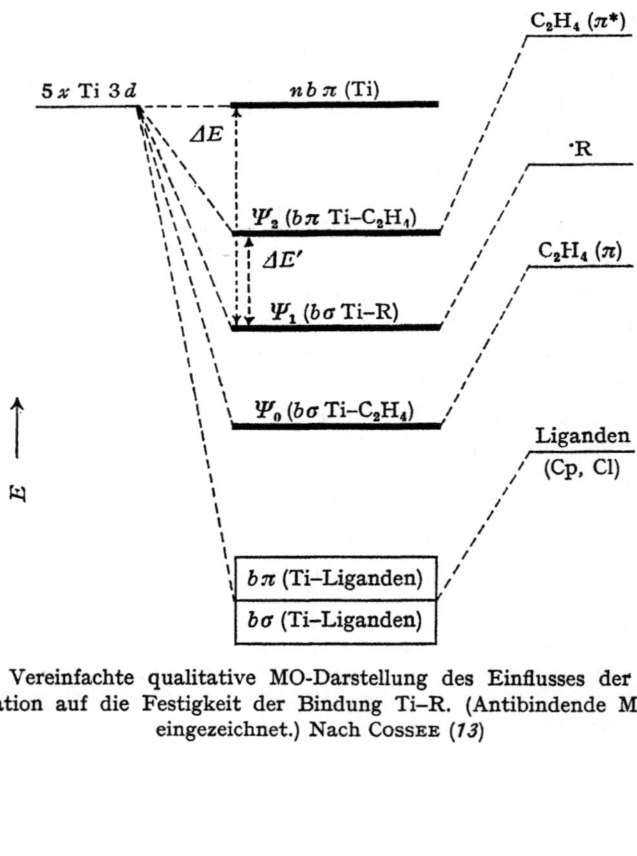

Abb. 21. Vereinfachte qualitative MO-Darstellung des Einflusses der Äthylen-Koordination auf die Festigkeit der Bindung Ti–R. (Antibindende MO's nicht eingezeichnet.) Nach COSSEE (*13*)

Monomereinheit nicht vorhanden sind. Bezüglich der relativen Lage von ψ_0 und ψ_1 in der Energieskala siehe (*24*)).

Diese von COSSE postulierte Destabilisierung der Bindung Ti–R unter dem Einfluß des koordinierten Monomeren ist, nach dem zitierten Autor, ein wesentlicher Teilschritt des gesamten Polymerisationsvorganges. Offenkundig würde diese Destabilisierung aber auch den hier zu diskutierenden Reduktionsvorgang entscheidend erleichtern.

Diese Hypothese kann man getrennt testen, indem man dem monomerfreien Katalysatorsystem *nicht-polymerisierbare* Olefine zusetzt, und dann das Reduktionsverhalten untersucht. Derartige Messungen sind mit in Abb. 20 enthalten, und zwar betreffend die Addition von verschiedenen Oktenen. Es zeigt sich, daß die Reduktionsgeschwindigkeit beträchtlich zunimmt in der Reihenfolge

$$\text{trans-2-Okten} < \text{cis-2-Okten} \ll n\text{-1-Okten}$$

Da in derselben Reihenfolge die Koordinationsfähigkeit dieser Oktene zunimmt, liefert diese Beobachtung u. E. einerseits den Beweis für das Vorliegen der Koordination und bestätigt andererseits den von COSSEE angenommenen Einfluß dieser Koordination auf das gesamte Reaktionsgeschehen, auf dem Weg über die Destabilisierung der benachbarten Ti–C-Bindung.

Es soll nicht unerwähnt bleiben, daß SHILOV (*40, 41*) bereits früher zeigte, daß 1-Olefine die Reduktion Ti(IV) → Ti(III) beschleunigen. Trotzdem wurde jedoch kürzlich von BOOR (*42*), mangels überzeugender experimenteller Evidenz, das Vorliegen von Koordination des Monomeren an das Übergangsmetall vor dem Einbau in die wachsende Kette bezweifelt. Die vorliegenden Messungen dürften diese Lücke füllen.

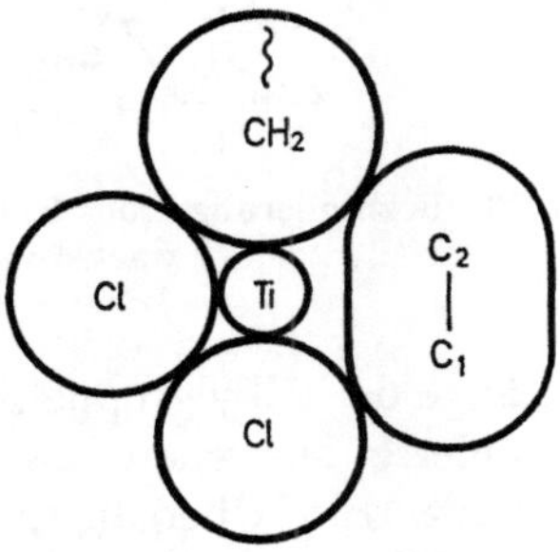

Abb. 22. *x–y*-Ebene des Katalysator-Komplexes nach Koordination eines Äthylen-Moleküls. (Vgl. Abb. 4 sowie Abb. 23 links oben; die Al-Brücke ist nicht mit dargestellt)

Eine weitere Folge der Koordination des Äthylens ist aus Abb. 22 zu ersehen. Während das schematische Bild der Atomorbitale in Abb. 4 keinen zutreffenden Eindruck von den Ausdehnungen und Abständen im Komplex vermittelt, sind hier die Abmessungen von Metall und Liganden näherungsweise maßstabsgetreu gezeichnet [nach COSSEE (*12*)].

Die Darstellung macht deutlich, daß diese Anordnung der Liganden besonders günstig für die Reaktion der Alkylgruppe mit dem koordinierten Monomeren ist. Schon eine geringe Verschiebung in der *x—y*-Ebene, die im Bereich der normalen Vibrationsschwingungen liegen kann, bringt die CH_2-Gruppe in eine Position mit erheblicher Überlappung mit dem Olefin (*12*).

Aus dem Gesagten geht hervor, daß ein oktaedrischer Komplex eine besonders günstige Situation für verschiedene, die Katalyse fördernde Faktoren bietet (Destabilisierung der Titan-Kohlenstoff-Bindung durch die alkylierte Aluminium-Brücke und durch die Koordination des Monomeren sowie sterische Bedingungen).

4.5. Die Polymerisation

a) Kettenstart und Kettenwachstum. In Abb. 23 sind Kettenstart und Kettenwachstum an dem vorgeschlagenen Katalysator-Modell formuliert. Die beiden Reaktionen unterscheiden sich lediglich durch

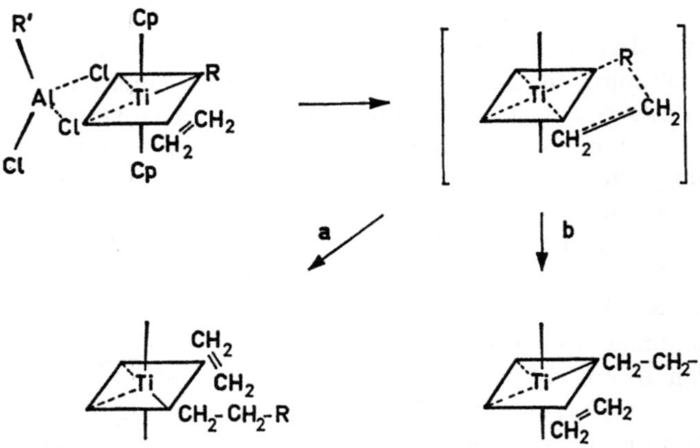

Abb. 23. Formulierung von Kettenstart (R = Äthyl bzw. Oktyl) und Kettenwachstum (R = wachsende Kette)

die Länge der Alkylgruppe R. In einer Vier-Zentren-Reaktion wird das koordinierte Monomere zwischen Übergangsmetall und Alkylgruppe eingebaut. Ein Übergangszustand mit gelockerter Ti–C-Bindung (in eckigen Klammern in Abb. 23) mag dem eigentlichen Einbau vorangehen. Ob letzterer durch cis-Wanderung der Alkylgruppe (Reaktionsweg *a* in Abb. 23) oder durch Insertion des Monomeren am Ort der Alkylgruppe (b) vonstatten geht, läßt sich gegenwärtig noch nicht entscheiden. Formulierung *b* würde der isotaktischen Polymerisation von α-Olefinen an den — im Prinzip vermutlich ähnlich gebauten und funktionierenden — heterogenen Ziegler-Natta-Katalysatoren besser Rechnung tragen; es gelang bislang jedoch nicht, einen solchen Reaktionsschritt theoretisch zu untermauern. Das Prinzip der cis-Wanderung andererseits liegt den quantenchemischen Überlegungen von COSSEE (*12, 13*) zugrunde.

Da Kettenstart und Kettenwachstum den gleichen Reaktionstyp darstellen, verlaufen sie mit vergleichbarer Geschwindigkeit. Dies äußert sich im Fehlen von Induktionsperioden bei den bereits früher erwähnten und in Abb. 10 dargestellten Messungen der Polymerisationsgeschwindigkeit. Auch die Beobachtung, daß die beiden Katalysator-Systeme $Cp_2TiEtCl/EtAlCl_2$ und $Cp_2TiOctCl/EtAlCl_2$ praktisch gleiche Polymerisationsgeschwindigkeit liefern (Abb. 10), ist damit im Einklang. Bei R = Äthyl wird die Wachstumsreaktion gewissermaßen mit dem Polymerisationsgrad $P = 1$, bei R = Oktyl mit $P = 4$ begonnen.

Wird jedoch die Äthylgruppe R' auf der *Aluminium*seite des Komplexes durch Methyl ersetzt, so tritt eine deutliche Verlangsamung der Polymerisation ein (siehe Abb. 24), wie dies auch nach den vorangegangenen Untersuchungen des monomerfreien Katalysatorsystems zu erwarten war: der schwächere Elektronen-Donator Methyl trägt in geringerem Maße zur Aktivierung der Ti–R-Bindung bei als die Äthylgruppe (vgl. Abschnitt 4.3).

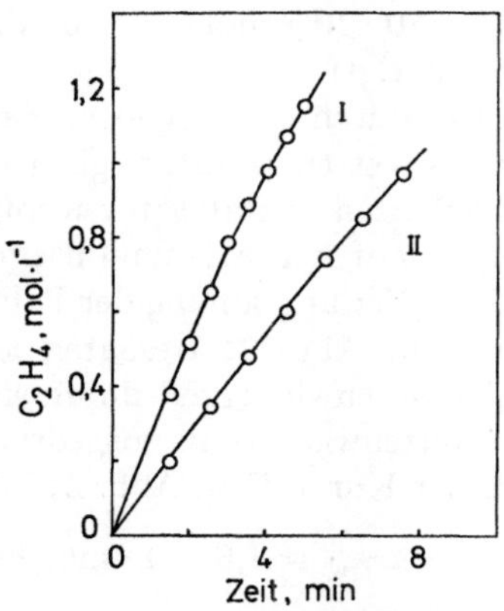

Abb. 24. Einfluß der Alkylgruppe R' am Aluminium auf die Polymerisationsgeschwindigkeit.
I: $Cp_2TiOctCl/EtAlCl_2$;
II: $CpTiOctCl/MetAlCl_2$.
$[Ti] = 20 \cdot 10^{-3}$ mol. l^{-1}; Al/Ti = 2;
T = 0° C; Äthylendruck 710 Torr

Die Meßdaten der Abb. 10 sowie der Tab. 2 hatten auch deutlich gemacht, daß aller verfügbare Katalysator von Anfang an an der Polymerisation beteiligt ist. Obwohl die Komplexbildung (Abb. 11) zwar sicher prinzipiell als Gleichgewicht formuliert werden muß, kann daher wohl angenommen werden, daß dieses Gleichgewicht sehr weit rechts liegt, so daß sogar bei der niedrigsten angewendeten Titankonzentration (Tab. 2) die Komplexbildung bereits bei Al/Ti = 1,2 praktisch vollständig ist. In dem dort untersuchten Bereich kann daher die Anfangskonzentration der wachsenden Ketten, $[P^*]_0$, gleich der eingesetzten Ti(IV)-Konzentration gesetzt werden:

$$[P^*]_0 = [\mathrm{Ti(IV)}]_0 \, . \tag{5}$$

Basierend auf dem in Abb. 23 gegebenen Modell der Reaktion und unter Verwendung von Gl. 5 läßt sich die Geschwindigkeitskonstante des

Kettenwachstums, k_w, ausrechnen mittels der Gleichung

$$k_w = v_{P,0}/[\mathrm{Ti(IV)}]_0\,[M]\,. \tag{6}$$

$v_{P,0}$ ist dabei die als linear betrachtete Anfangsgeschwindigkeit der Polymerisation, $[M]$ die Löslichkeit des Äthylens in der Reaktionslösung. Unter Verwendung des Mittelwertes für $v_{P,0}/[\mathrm{Ti(IV)}]_0$ aus Tab. 2 (Abschnitt 4.1) und $[M] = 0{,}07\ \mathrm{mol} \cdot \mathrm{l}^{-1}$ (*22*) ergibt sich

$$k_w \cong 2 \quad \mathrm{l} \cdot \mathrm{mol}^{-1}\,\mathrm{sec}^{-1} \qquad (\textit{für } R' = \textit{Äthyl}) \tag{7}$$

(Bei der Mittelung der Daten der Tab. 2 wurden die Messungen bei $[\mathrm{Ti}] = 20 \cdot 10^{-3}\ \mathrm{mol} \cdot \mathrm{l}^{-1}$ aus dem dort erwähnten Grund nicht mitberücksichtigt).

Der durch Gl. 7 gegebene Zahlenwert der Geschwindigkeitskonstante für das Kettenwachstum gilt jedoch ausdrücklich nur für den in Abb. 23 formulierten Katalysator-Komplex mit R' = *Äthyl*. Wird die Äthylgruppe auf der Aluminiumseite durch Methyl ersetzt, so tritt die erwähnte Verlangsamung der Polymerisation ein. Nach dem in Zusammenhang mit Abb. 24 Gesagten kann diese Verminderung der Polymerisationsgeschwindigkeit durch eine niedrigere Geschwindigkeitskonstante des Kettenwachstums ausgedrückt werden. Aus der Anfangsgeschwindigkeit der Kurve II in Abb. 24 läßt sich abschätzen:

$$k_w' \cong 1{,}6 \quad \mathrm{l} \cdot \mathrm{mol}^{-1}\,\mathrm{sec}^{-1} \qquad (\textit{für } R' = \textit{Methyl}) \tag{8}$$

Von CHIEN (*22*) wurden, wie bereits erwähnt, kinetische Messungen mit dem System Cp_2TiCl_2/Met_2AlCl durchgeführt. Für die Wachstumskonstante wurde ein sehr ähnlicher Wert berichtet ($k_w = 1{,}5$), woraus geschlossen werden darf, daß die aktive Spezies auch in diesem System durch den Komplex in Abb. 23, links oben, jedoch mit R = R' = Met gegeben ist.

Abweichend von unseren Befunden ist das Auftreten von Induktionsperioden sowie eine sehr niedere Startgeschwindigkeit

$$(k_{st} = 3 \cdot 10^{-4}\ \mathrm{l} \cdot \mathrm{mol}^{-1} \cdot \mathrm{sec}^{-1})$$

in CHIENs System. Die in Abschnitt 4.2 mitgeteilten Reduktionsversuche mit $Cp_2TiMetCl/R'AlCl_2$ (Abb. 15, untere Kurve) lassen aber vermuten, daß die Methylgruppe fester an das Titan gebunden ist als die Äthylgruppe, so daß hier mit $k_{st} < k_w'$ gerechnet werden muß. Dies kann auch zu Induktionsperioden führen. Hinzu kommt, daß CHIENs System, ebenso wie das von uns früher bearbeitete System $Cp_2TiCl_2/EtAlCl_2$ (*24*), durch die vorgelagerte Alkylierung des Titan kompliziert ist. Die in solchen Systemen bestimmte k_{st} setzt sich daher möglicherweise aus den Gleichgewichtskonstanten der Alkylierungsreaktion und der eigentlichen Geschwindigkeitskonstante des Kettenstartes zusammen.

b) Kettenabbruch. Die in Abb. 10 dargestellten Polymerisationen verlaufen nahezu linear mit der Zeit und lassen somit keinen Kettenabbruch erkennen. Bei höheren Verhältnissen Al/Ti tritt jedoch eine Verminderung der Polymerisationsgeschwindigkeit auf. Für die beiden extremen Titankonzentrationen ($20 \cdot 10^{-3}$ und $2{,}3 \cdot 10^{-3}$ mol · l^{-1}, vgl. Abb. 10) ist dies in Abb. 25 dargestellt. Bei Ti $= 2{,}3 \cdot 10^{-3}$ mol · l^{-1} und Al/Ti = 10 findet praktisch keine Äthylenaufnahme mehr statt.

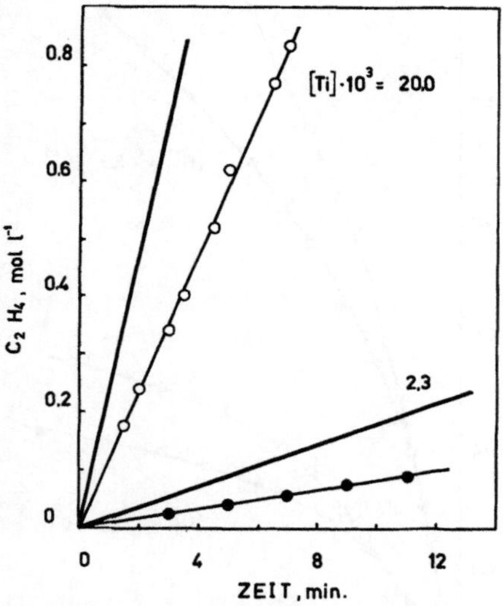

Abb. 25. Verminderung der Polymerisationsgeschwindigkeit bei Al/Ti > 2. Durchgezogene Linien ohne Meßpunkte: Äthylenaufnahme bei Al/Ti = 1,2 und 2,0 aus Abb. 10; ○: Al/Ti = 3,0; ●: Al/Ti = 5,0

Läßt man die Polymerisation über längere Zeit fortlaufen, so beobachtet man ebenfalls eine Verlangsamung der Äthylenaufnahme. Abb. 26 zeigt, daß die Verminderung der Polymerisationsgeschwindigkeit bei Al/Ti = 2 ausgeprägter ist als bei Al/Ti = 1,2. Bei [Ti] $= 20 \cdot 10^{-3}$ wurde dieser Effekt zwar während der Meßzeit von 5 min trotz beträchtlichen Umsatzes nicht beobachtet. (Siehe Abb. 10; der Umsatz und damit die Polymerisationszeit sind durch das Volumen der Äthylenbürette limitiert). Bei [Ti] $= 10 \cdot 10^{-3}$ hingegen liegen die letzten Meßpunkte bei Al/Ti = 2 bereits deutlich unterhalb der Werte bei Al/Ti = 1,2 (siehe Abb. 10).

Der Katalysator degeneriert bekanntlich im Laufe der Zeit durch Reduktion Ti(IV) → Ti(III). Diese Reduktion, welche durch die Anwesenheit des Monomeren noch beschleunigt wird, verläuft im polymerisierenden System bei 20° C sehr rasch (vgl. Abb. 19). Bei der hier betrachteten Polymerisationstemperatur von 0° C hingegen spielt sie eine wesentlich geringere Rolle, wie folgendermaßen festgestellt wurde: Bei einigen Versuchen wurde am Ende der Polymerisation die Ti(III)-Konzentration in der Reaktionslösung durch eine ESR-Messung abgeschätzt. Eine solche Abschätzung ist zwar nicht sehr genau, da zwischen

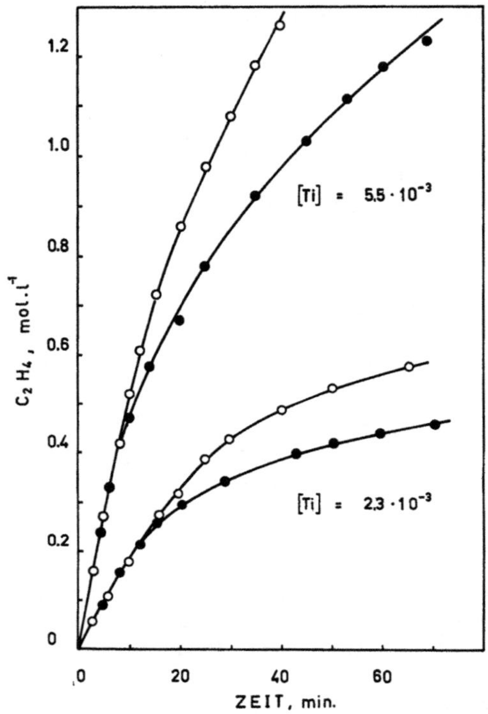

Abb. 26. Verlangsamung der Äthylenaufnahme bei längerer Reaktionszeit. T = 0° C; ○: Al/Ti = 1,2; ●: Al/Ti = 2,0

Ende der Polymerisation und ESR-Messung eine Erwärmung der Reaktionslösung eintrat und die Reduktion stark temperaturabhängig ist. Es zeigte sich dabei aber doch klar, daß die Reduktion am Ende der Polymerisation nicht so weit fortgeschritten war, wie die Verminderung der Polymerisationsgeschwindigkeit erwarten ließ. Es muß daher, neben der Reduktion, mit einer weiteren Kettenabbruchsreaktion gerechnet werden.

Abb. 26 weist darauf hin, daß die zusätzliche Abbruchsreaktion mit zunehmendem Verhältnis Al/Ti an Bedeutung gewinnt. Diese Reaktion konnte noch nicht vollständig aufgeklärt werden. Eine mögliche

Interpretation der Ergebnisse ist aber die Annahme, daß die Titanverbindung neben dem 1:1-Komplex mit dem Aluminiumalkyl („Ti_1Al_1") auch einen 1:2-Komplex („Ti_1Al_2") bilden kann. Für den speziellen Fall von Cp_2TiCl_2 und $AlCl_3$ wurde von ADEMA et al. (*43*) ein solcher 1:2-Komplex tatsächlich nachgewiesen. Im vorliegenden Fall würden die Alkylgruppe am Titan sowie die Leerstelle für eine weitere Brückenbindung herangezogen werden (vgl. Abb. 11). Ein solcher Komplex wäre naturgemäß inaktiv als Polymerisations-Katalysator.

Nimmt man an, daß auch das Gleichgewicht

$$„Ti_1Al_1" + R'AlCl_2 \rightleftarrows „Ti_1Al_2"$$

verhältnismäßig weit rechts liegt, sich aber im Vergleich zur Polymerisationszeit langsam einstellt, so lassen sich die experimentellen Ergebnisse dadurch, zumindest qualitativ, deuten. Sowohl eine Erhöhung der Konzentration der Al-Komponente (Abb. 25) als auch längere Reaktionszeiten (Abb. 26) würden zu verstärkter Bildung der inaktiven Spezies „Ti_1Al_2" führen.

Die Ergebnisse des Abschnittes 4.5 zusammenfassend kann gesagt werden, daß auch die polymerisationskinetischen Untersuchungen mit dem vorgeschlagenen Katalysatormodell in Einklang stehen.

5. Syndiotaktisches Polypropylen

Einen weiteren interessanten Fall der Polymerisation an löslichen Ziegler-Natta-Katalysatoren stellt die von NATTA et al. (*44*) sowie von BOOR und YOUNGMAN (*45, 46*) beschriebene Polymerisation von Propylen an Vanadium-Aluminium-Komplexen dar. Während zur Erlangung *iso*taktischer Polymerer nach bisherigen Kenntnissen heterogene Katalysatoren notwendig sind, wurde hier erstmalig eine weitgehend stereospezifische Polymerisation an einem löslichen System beobachtet, die jedoch zu *syndio*taktischer Verknüpfung führt.

Die Katalysatorsysteme enthalten VCl_4 oder Vanadium-triacetylacetonat, in Verbindung mit R_2AlX (R = Methyl, Äthyl, Isopropyl oder Phenyl, X = Halogen). Tiefe Temperaturen (−78° C) sind erforderlich; geringe Zusätze von Elektron-Donatoren (z. B. Anisol) verbessern die Stereospezifität.

Zur Interpretation dieser Katalyse wird von BOOR und YOUNGMAN (*46*) ein oktaedrischer Komplex des Übergangsmetalls angenommen, der dem in Abb. 11 rechts dargestellten Titan-Komplex ähnlich ist; d. h. auch hier hat das Aluminiumalkyl einerseits das Übergangsmetall alkyliert, und andererseits einen Brückenkomplex gebildet. (Auch

Komplexe mit zwei brückengebundenen Al werden von den genannten Autoren diskutiert).

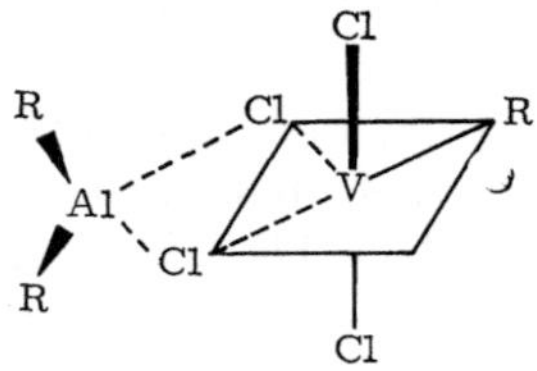

Zur syndiotaktischen Verknüpfung der Monomereinheiten an diesem oktaedrischen Komplex ist nun zweierlei erforderlich:

a) regelmäßiges Kopf-Schwanz-Wachstum,

b) alternierender Einbau in *d*- und *l*-Konfiguration.

Ersteres wird durch den ohne Zweifel etwas polaren Charakter der Bindung V–R sowie die ebenfalls leicht polarisierte Doppelbindung des Propylens gewährleistet. Mit anderen Worten: nur dann entsteht ein für die Reaktion günstiger Übergangszustand, wenn die Koordination des Monomeren an die Leerstelle des Komplexes in der „richtigen" Richtung erfolgt. Anderenfalls verläßt das Monomermolekül den Komplex wieder, ohne reagiert zu haben (Koordinationsgleichgewicht).

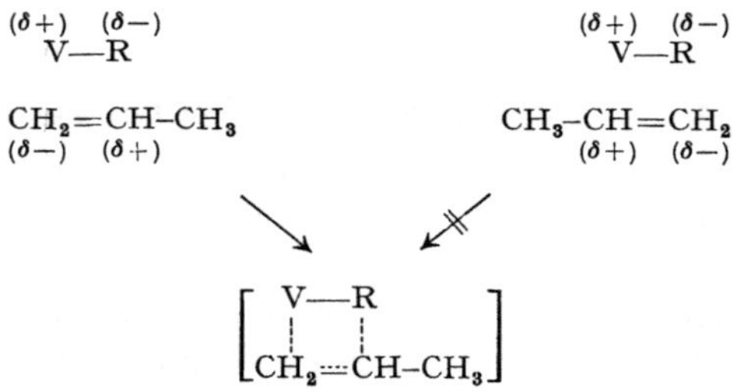

Der alternierende *dldldl*... Einbau wird von BOOR (*45*) einem sterischen Effekt zugeschrieben. Die relativ großen Cl-Liganden hindern die freie Drehbarkeit um die Achse V–C. Abb. 27 zeigt, wie die Methylgruppe des zuletzt in die wachsende Kette eingebauten Monomermoleküls einen Teil des Raumes um die Leerstelle einnimmt. Aus dem Bild ist leicht ersichtlich, daß von den beiden nach Berücksichtigung von a) noch möglichen Orientierungen des Monomermoleküls nur die rechts in Abb. 27 dargestellte am Komplex Platz findet. Diese aber führt, sei es nun durch cis-Wanderung der wachsenden Kette, sei es durch Insertion, zu syndiotaktischer Verknüpfung.

Wird die Rotationsbarriere aufgehoben (höhere Temperatur oder kleinere Liganden am Vanadium), so werden die beiden Orientierungen möglich. In der Tat nimmt die Stereospezifität dieser Katalysatoren mit

Abb. 27. Modell des Vanadium-Komplexes, an dem die syndiotaktische Polymerisation des Propylens erfolgt. Die beiden möglichen Orientierungen des Monomeren sind nach Öffnen der Doppelbindung, d. h. bereits mit sp^3-hybridisiertem Kohlenstoff, gezeigt.) Nach BOOR und YOUNGMAN (*45*)

zunehmender Temperatur beträchtlich ab (*44*, *45*). (Bei $T \gtrless -40°$ C wird der Katalysator allerdings bereits heterogen, weil Reduktion zu unlöslichem V(II) eintritt).

6. Polymerisation konjugierter Diolefine an Katalysatoren der VIII. Gruppe

Butadien wird von den sog. π-Allyl-Komplexen des Cobalt und des Nickels zur Polymerisation angeregt (*6*, *47*, *48*). Dabei wurde folgende interessante Beobachtung gemacht: π-Crotyl-Nickelchlorid liefert fast reines 1,4 cis-Polybutadien (93%), das entsprechende Jodid hingegen führt unter sonst gleichen Bedingungen zu 92% 1,4 trans-Polymerem (*48*). Dieser Befund ist offensichtlich nicht ohne die entscheidende Beteiligung der Koordination des Monomeren an das Übergangsmetall zu verstehen (*47*).

Für die Beurteilung des *Mechanismus* dieser stereospezifischen Polymerisation in homogenem Medium ist es wichtig, zu berücksichtigen, daß konjugierte Diolefine, wie Butadien und Isopren, sich in einigen wesentlichen Punkten von den bisher behandelten α-Olefinen unterscheiden. Da besteht zunächst die Möglichkeit, daß entweder nur eine oder beide Doppelbindungen zur Koordination des Monomeren an das Übergangsmetall herangezogen werden können. Ferner weist auch die Bindung zwischen den mittleren beiden Kohlenstoffatomen einen beträchtlichen Doppelbindungs-Charakter auf, welcher zur Folge hat, daß diese Monomeren in Lösung in cis- oder trans-Konfiguration vorliegen können:

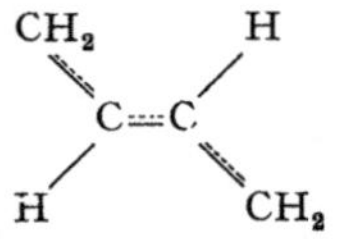

trans

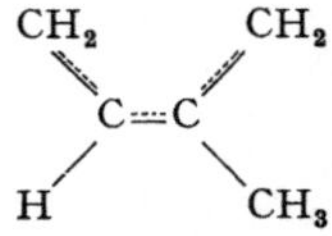

cis

Bei Butadien z. B. ist die trans-Form energetisch günstiger (die Energiedifferenz zwischen beiden Formen beträgt 2,3 kcal/mol (*49*)]; Isopren hingegen liegt überwiegend in der cis-Form vor.

Hinzu kommt noch die Eigenart des wachsenden Kettenendes, sich als „π-Allyl-Übergangsmetall-Komplex" stabilisieren zu können:

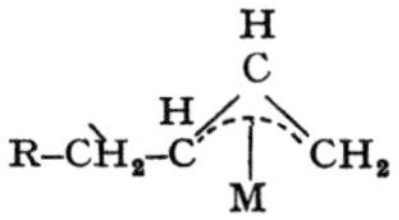

Die Komplexe zwischen Übergangsmetallen und Allylgruppen weisen weitgehende Analogien zu den Olefin-Komplexen dieser Metalle auf (*50*). Eine MO-Rechnung der Allylgruppe (*17*) zeigt, daß die drei pπ-Orbitale der drei Kohlenstoffatome sich kombinieren lassen zu drei MO's, von denen eines bindend (ψ_1), eines nichtbindend (ψ_2), und das dritte antibindend (ψ_3) in bezug auf die drei Kohlenstoffatome ist. Die drei MO's sind in Abb. 28 dargestellt. ψ_1 ist ganz ähnlich gebaut wie das bindende π-Orbital in Äthylen (vgl. Abb. 4), jedoch haben die beiden Schleifen die Form von Bananen und umfassen alle drei C-Atome der Allylgruppe; ψ_2 läßt sich mit dem antibindenden π^*-Orbital des Äthylens vergleichen, mit dem Unterschied, daß die Knotenfläche am Ort des mittleren Kohlenstoffatoms liegt (daher nicht bindend); ψ_3 schließlich hat Vorzeichenwechsel zwischen C_1 und C_2 sowie zwischen C_2 und C_3, d. h. es ist antibindend. Von den drei Elektronen des Allylradikals befinden sich zwei in ψ_1 und eines in ψ_2.

Ein Vergleich mit Abb. 4 lehrt nun, daß das allylische Kettenende ganz ähnlich wie Äthylen die Möglichkeit hat, eine Art Doppelbindung mit einem Übergangsmetall zu bilden (σ-Bindung durch Überlappung von ψ_1 mit einem dσ-Orbital; π-Bindung durch Wechselwirkung von ψ_2 mit einem dπ-Orbital). Dasselbe gilt natürlich auch für die erwähnten die Polymerisation initiierenden Allyl-Nickel-Komplexe. Es hat sich eingebürgert, solche Komplexe als „π-Allyl-Komplexe" zu bezeichnen, im Gegensatz zu „σ-Allyl-Komplexen", bei denen die Allylgruppe nur durch eine σ-Bindung mit einem Kohlenstoffatom an das Metall gebunden ist (R–CH=CH–CH_2–Me). Offenbar sind die Metalle der 8. Gruppe aus energetischen Gründen besonders zur Komplexbildung mit π-Allylgruppen geeignet. In manchen Fällen sind solche Komplexe sogar so

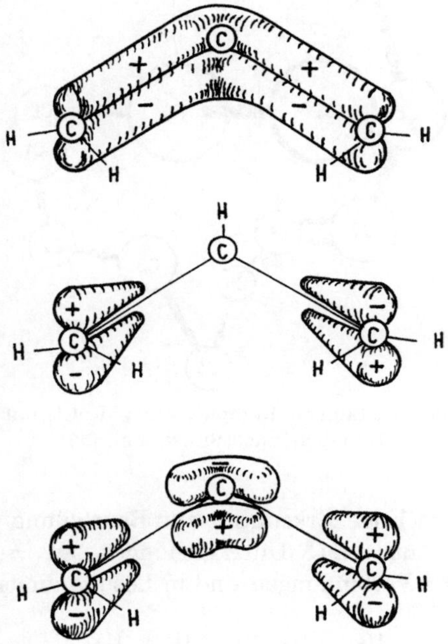

Abb. 28. Schematische Darstellung der drei MO's, die durch Kombination der $p\pi$-Orbitale (ψ_1, ψ_2 und ψ_3) der drei Kohlenstoffatome der Allylgruppe entstehen

stabil, daß sie in kristalliner Form erhalten und mittels Röntgen-Strukturanalyse untersucht werden können. So konnte z. B. für Bisallyl-Palladiumchlorid eindeutig gezeigt werden, daß beide Allylgruppen in der oben erläuterten Weise gebunden vorliegen (*51*).

NATTA et al. schlugen erstmals eine derartige π-Allyl-Struktur als wachsendes Kettenende bei der Polymerisation des Butadiens vor (*47*). Von WILKE wurden π-Allyl-Komplexe des Co und des Ni als instabile Zwischenprodukte bei der Cyclooligomerisierung von Butadien postuliert (*6*). Von SHAW u. Mitarb. (*52*) konnte der entsprechende Ruthenium-Komplex isoliert und seine Struktur bestimmt werden. Es handelt sich um $(C_4H_6)_3RuCl_2$, welches bei der Reaktion von $RuCl_3$ mit drei Molekülen Butadien entstehen (siehe Abb. 29). Aus den Atomabständen folgt, daß die Gruppen C_1, C_2, C_3 und C_{10}, C_{11}, C_{12} als π-Allylgruppen koordiniert sind. [Das Metall liegt somit formal in der Wertigkeitsstufe Ru(IV) vor].

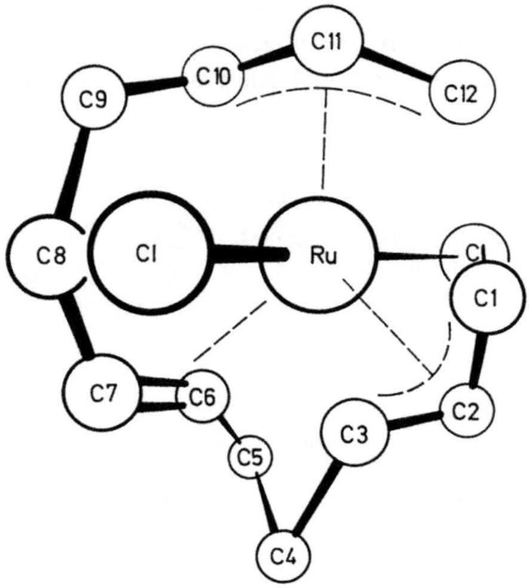

Abb. 29. Struktur des kristallinen Komplexes von $RuCl_2$ mit dem Trimeren des Butadien, nach Shaw et al. (*52*)

Eine weitere wichtige Erkenntnis zur Beurteilung der Diolefinpolymerisation folgt aus NMR-Untersuchungen an π-Allyl-Nickelhalogeniden (*53*). Diese Verbindungen sind in Lösung dimer:

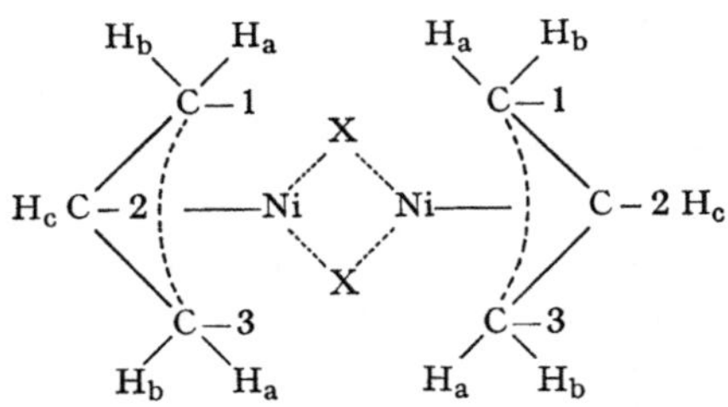

Die ^{1}H-NMR-Spektra sind im Einklang mit der π-Allyl-Struktur, d. h. alle H_a sind äquivalent, ebenso die H_b und die H_c. Gibt man aber Elektron-Donator-Substanzen zu, wie z. B. Triäthylphosphin, so geschieht zweierlei: einerseits wird die Halogenbrücke geöffnet, d. h. die Ni-Verbindung liegt nun als Monomeres vor, dafür treten ein oder mehrere Phosphin-Liganden in den Komplex ein; zum anderen findet eine Veränderung der Bindungsverhältnisse der Allylgruppe statt, die abhängig ist von Menge und Basizität der Donatormoleküle. Bei dem

1:2 Addukt $(C_3H_5)NiBr.\ 2\ P(C_2H_5)_3$ z. B. sind alle Protonen der CH_2-Gruppen äquivalent geworden; dies kann entweder dadurch hervorgerufen sein, daß die CH_2-Gruppen im Sinne einer Rotation um die C–C-Achse beweglich geworden sind (*53*), oder auch durch Umklappen der ganzen Allylgruppe (Vertauschen von C_1 und C_3) (*50*). Auf jeden Fall aber ist durch den NMR-Befund der Hinweis gegeben, daß unter dem Einfluß der Phosphin-Liganden die Bindung zwischen Metall und Allylgruppe gelockert ist. Bei dem 1:3 Addukt $(C_3H_5)NiBr \cdot 3\ P(C_2H_5)_3$ schließlich klappt das π-Allyl-System in eine σ-Allylgruppe um (dies wird aber nur beobachtet, wenn das Halogen des Allylnickelbromids zusätzlich in ein komplexes Anion einbezogen wird (*53*).

$$\left[\begin{array}{ccc} & P(C_2H_5)_3 & \\ & \downarrow & \\ CH_2{=}CH{-}CH_2{-}Ni & \leftarrow & P(C_2H_5)_3 \\ \uparrow & & \\ P(C_2H_5)_3 & & \end{array}\right]^+ [AlBr_4]^-$$

Diese Befunde können in folgender Weise interpretiert werden: Unter dem Einfluß der Donator-Liganden ist die Elektronendichte am Übergangsmetall vergrößert, d. h. seine Elektronenaffinität vermindert worden. Darunter leidet die Festigkeit der π-Allyl-Metall-Bindung. Wenn man berücksichtigt, daß ein „σ-Allyl-Radikal" nur ein Elektron, ein „π-Allyl-Radikal" aber deren drei in den Komplex einbringt, so wird klar, daß das Umklappen in die σ-Struktur als Ausweichen vor dem Elektronendruck der anderen Liganden gedeutet werden kann.

Die an niedermolekularen Substanzen gewonnenen Einzel-Erkenntnisse lassen sich zu einem Bild der Butadienpolymerisation zusammensetzen, welches aber notwendigerweise noch etwas spekulativen Charakter haben muß.

Das wachsende Kettenende liege als π-Allyl-Komplex am Übergangsmetall vor. Damit Butadien in der *cis*-Form eingebaut werden kann, muß diese Form durch Koordination des Monomermoleküls mit beiden Doppelbindungen vorgegeben sein. Diese Koordination hat aber denselben Einfluß auf die Allylgruppe, wie die vorhin erwähnten Phosphin-Liganden: sie erhöht die Elektronendichte am Metall und veranlaßt die Allylgruppe zum Umklappen in die σ-Struktur (siehe S. 464).

Aber auch diese σ-Bindung ist unter dem Elektronendruck des koordinierten Monomeren destabilisiert (vgl. Abschnitt 4.4); es erfolgt Öffnung einer Doppelbindung und Einbau des Monomeren in die wachsende Kette, sei es durch cis-Wanderung der Allylgruppe, sei es durch Insertion. Das neu entstehende Allylradikal stabilisiert sich sofort wieder als π-Allyl-Komplex.

Damit nun aber an einem solchen Komplex 1,4 *trans*-Polybutadien gebildet werden kann, darf offensichtlich nur *eine* Doppelbindung des

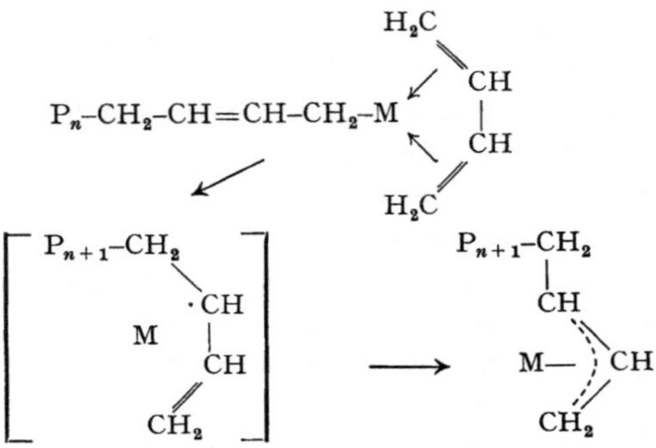
(zu S. 463)

Monomeren am Metall koordinieren. Aus den bereits erwähnten energetischen Gründen bleibt das Molekül dann in der trans-Konfiguration. Als Ursache mag erhöhte Elektronendichte am Metall in Frage kommen, die die gleichzeitige Annäherung der beiden Doppelbindungen nicht zuläßt. Jod, z. B. ist in geringerem Maße „elektronensaugend" als Chlor; dies könnte die Ursache dafür sein, daß mit π-Allylnickeljodid 1,4-trans Polymeres erhalten wird. In anderen Fällen mögen auch sterische Behinderungen eine Koordinierung der beiden Doppelbindungen nicht zulassen. Nach Öffnen der Doppelbindung entsteht, genau wie im oben skizzierten Fall, ein Allylradikal, das sich sofort als π-Allyl-Metall-Komplex stabilisiert, ohne dabei aber seine trans-Konfiguration einzubüßen. Durch den π-Allyl-Mechanismus wird auch verständlich, warum es trotz der Koordination von nur einer Doppelbindung nicht zu 1,2-Anlagerung kommt, sondern daß vielmehr die 1,4-Addition bei weitem überwiegt.

Noch ein weiterer experimenteller Befund ist in Einklang mit dem π-Allyl-Mechanismus: Die Metalle der 8. Gruppe, die offenbar besonders geeignet sind zur Bildung von π-Allyl-Komplexen, vermögen konjugierte Diolefine zu polymerisieren, nicht aber Monoolefine; die Zugabe von letzteren zur Diolefin-Polymerisation führt vielmehr zu einer Verminderung des Molekulargewichtes. Wird ein Äthylenmolekül statt eines Diolefins eingebaut, so entfällt die Möglichkeit der Stabilisierung des Kettenendes als π-Allyl-Komplex. Die Kohlenstoff-Metall-σ-Bindung ist aber bei den Metallen der 8. Gruppe extrem instabil; bevor ein weiteres Monomeres koordiniert und eingebaut werden kann, verläßt die wachsende Kette den Komplex (vermutlich unter Zurücklassung eines β-Wasserstoffes, d. h. Bildung einer Vinyl-Endgruppe am Polymeren).

7. Copolymerisation an löslichen Übergangsmetall-Katalysatoren

Die koordinative Polymerisation an Übergangsmetallen und die stereospezifische Katalyse an diesen Metallen hat bekanntlich zu kristallinen Polymeren, mit besonderen mechanischen und thermischen Eigenschaften geführt. Aber nicht bei allen Anwendungen ist hohe Kristallinität, z. B. von Polyäthylen oder Polypropylen, wünschenswert. Hier wurde erfolgreich versucht, durch Copolymerisation Abhilfe zu schaffen (*54–57*).

Amorphe Elastomere entstehen durch statistische Copolymerisation von Äthylen und Propylen an löslichen Katalysatorsystemen aus $VOCl_3$ oder anderen kohlenwasserstofflöslichen Vanadiumverbindungen und Alkylaluminium. Aber auch andere Übergangsmetallverbindungen ($TiCl_4$, $HfCl_4$, $ZrCl_4$) wurden eingesetzt (*58, 59*). Die Zusammensetzung des Copolymeren, Molekulargewicht usw. hängen von einer Unzahl von Parametern ab: Monomerverhältnis (Äthylen ist das bei weitem aktivere Monomere), Katalysatorzusammensetzung (Komponenten, Aluminium-Übergangsmetall-Verhältnis, Konzentration, Alterung), Temperatur, Rührung, Reaktionszeit in Gegenwart desselben Katalysatorensatzes, usw. Auch die experimentell bestimmten Copolymerisationsparameter sind beträchtlich katalysatorabhängig. So sind z. B. für $TiCl_4$–$Al(C_6H_{13})_3$ $r_1 = 33$, $r_2 = 0{,}03$ (*58*), für VCl_4–$Al(C_6H_{13})_3$ hingegen $r_1 = 7$, $r_2 = 0{,}09$ (*60*) berichtet worden (M_1 = Äthylen, M_2 = Propylen). Auf die große Zahl von Einzelergebnissen, die auf diesem Gebiet erzielt wurden, kann hier aber nicht näher eingegangen werden, zumal sie auch noch keine übersichtlichen Trends erkennen lassen.

Einige Aspekte sollen jedoch noch erwähnt werden. Olefine mit inneren Doppelbindungen, wie 2-Buten, Cyclopenten, usw., zeigen, wahrscheinlich aus sterischen Gründen, nur geringe oder gar keine Neigung, an Ziegler-Natta-Katalysatoren zu homopolymerisieren[6]. Natta u. Mitarb. konnten aber zeigen, daß an gewissen löslichen Systemen mit besonders gut zugänglichen Übergangsmetall-Zentren eine Copolymerisation dieser Monomeren mit Äthylen möglich ist (*62, 63*). Es wird allgemein angenommen, daß die zwischengeschobenen Äthylenmoleküle die sterische Behinderung zwischen zuletzt eingebautem Olefin und einem neu zu koordinierenden Molekül beseitigen. Wegen der wesentlich größeren Polymerisations-Tendenz des Äthylens ist es vorteilhaft, für solche Versuche das zweite Olefin als Lösungsmittel zu verwenden und das Äthylen sehr langsam einzuleiten. Unter extrem ausgewählten Bedingungen konnten in manchen Fällen alternierende 1:1 Copolymere hergestellt werden.

---

[6] Für 2-Buten und einige andere lineare Olefine mit innerer Doppelbindung wurde gefunden, daß sie, wenn sie überhaupt an einem Ziegler-Natta-Katalysator polymerisieren, vom selben Katalysator zuvor zum α-Olefin isomerisiert werden; die relativ langsame Isomerisierungsreaktion ist geschwindigkeitsbestimmend für die Polymerisation (*61*).

Um Block-Copolymere zu erhalten, d. h. solche, bei denen lange Sequenzen des einen Monomeren mit ebensolchen des anderen abwechseln, wäre es wünschenswert, lange Lebensdauer der wachsenden Ketten, ohne Kettenübertragung, zu haben. Man könnte dann abwechselnd jeweils nur das eine oder das andere Monomere zugeben. Die Angaben über die Lebensdauer an Übergangsmetall-Katalysatoren wachsender Polymerer sind aber noch recht widersprechend. Bei den löslichen Systemen auf der Basis von Vanadium scheinen sie im allgemeinen zu kurz zu sein [z. B. 5–10 min (*54*)]. Bei manchen heterogenen Systemen hingegen werden Lebensdauern bis zu vielen Stunden berichtet. In manchen solcher Fälle scheint es auch wirklich gelungen zu sein, Block-Copolymere, z. B. von Äthylen und Propylen, zu erhalten (*64*, *65*).

8. Schluß

Die Polymerisationsreaktionen an löslichen Übergangsmetall-Katalysatoren weisen gemeinsame Merkmale auf. Stets liegt eine Metall-Kohlenstoff-Bindung vor, die gerade stabil genug sein muß, um eine gewisse Lebensdauer aufzuweisen, die aber auch reaktiv genug sein muß, um sich unter der Einwirkung eines koordinierten Monomermoleküls zu öffnen und den Kettenwachstumsschritt zu vollziehen. Die Untersuchungen mit Titan-Aluminium-Katalysatoren (Abschnitt 4) haben gezeigt, daß die Reaktivität der Metall-Kohlenstoff-Bindung sich gezielt beeinflussen läßt durch Variation der anderen Liganden im Komplex.

Diese Grundprinzipien der Katalyse an Übergangsmetallen lassen sich ohne Zweifel auch auf die heterogenen Polymerisationskatalysatoren übertragen. Bei den heterogenen Ziegler-Natta-Systemen, z. B. auf der Basis von $TiCl_3$, sind ähnliche Konfigurationen, wie sie in Abschnitt 4 als katalytisch aktive Spezies erkannt wurden, denkbar, wenn Ti-Atome an Ecken und Kanten der $TiCl_3$-Kristalle (2 Chlor-Leerstellen (*66*)] durch Aluminiumalkyle alkyliert werden. Die oktaedrische Struktur des Titan ist hier durch die Gitterkräfte gewährleistet.

Aber auch bei dem heterogenen Phillips-Katalysator (CrO_3 auf Silica-Alumina-Träger) lassen eine Reihe von Parallelen (Taktizität, Copolymerisation) auf einen sehr ähnlichen Mechanismus schließen (*11*). Bei Versuchen mit diesem Katalysator und Äthylen wurde festgestellt, daß die katalytisch aktive Spezies erst nach Zugabe des Äthylens entsteht und daß dabei Cr^{6+} zu einer niederen Wertigkeitsstufe reduziert wird (*67*). Hierbei entstehende Nebenprodukte vergiften die Oberfläche des Katalysators teilweise; pumpt man sie ab, so beobachtet man wesentlich erhöhte Aktivität. Andererseits führt aber auch die Behandlung des Katalysators mit Wasserstoff zu höherer Aktivität , ohne den Charakter der Produkte zu verändern (*11*).

Aus diesen Beobachtungen kann man den Schluß ziehen, daß bei der ersten Reaktion mit Äthylen an der Oberfläche der CrO_3-Kristalle Hydride von reduziertem Chrom entstehen. Ob die reaktive Form Cr(II), Cr(III) oder Cr(V) ist, bedarf noch einer endgültigen Klärung (*67, 68, 69, 70*); wir formulieren hier für Cr(III):

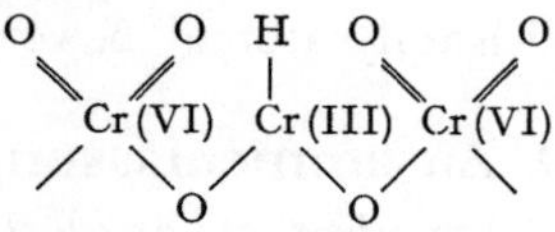

(9)

Neu hinzukommendes Monomeres wird am Cr(III) koordiniert und dann zwischen H und Cr eingebaut:

$$\begin{matrix} H_2C{=}CH_2 \\ \downarrow \\ Cr{-}H \end{matrix} \rightarrow Cr{-}CH_2{-}CH_3$$

Daneben wird für diesen Katalysator auch die Möglichkeit diskutiert, daß der Startschritt durch eine OH-Gruppe am reduzierten Cr vollzogen wird (*71*):

$$\begin{matrix} H_2C{=}CH_2 \\ \downarrow \\ Cr{-}OH \end{matrix} \rightarrow Cr{-}CH{=}CH_2 + H_2O$$

In jedem der beiden Fälle ist aber auch die Polymerisation am ,,Phillips-Katalysator ' durch die allgemeine Formel

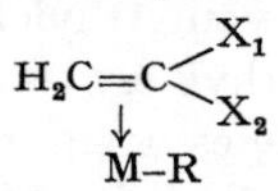

zu beschreiben, vorausgesetzt, man läßt beim Startschritt für R auch H oder OH gelten.

Vollständig zu Cr(III) reduziertes Material ist nicht mehr katalytisch aktiv, kann aber durch Zugabe von Aluminiumalkyl neu aktiviert werden (*67*). Daraus erhellt, daß im originalen Phillips-Katalysator neben reduziertem Cr noch Cr(VI)-Zentren vorhanden sein müssen. Ihnen kommt wahrscheinlich die wichtige Funktion der Regelung der Bindungsverhältnisse und der Elektronendichte zu, für welche wir bei den Ziegler-Natta-Katalysatoren die Komplexbildung mit der metallorganischen Komponente verantwortlich gemacht haben. [Man kann sich z. B. vorstellen, daß Cr(VI), über gemeinsame Sauerstoffatome hinweg (vgl. Formel 9), einen elektronensaugenden Einfluß auf Cr(III) ausübt und dadurch die Elektronendichte an letzterem gerade auf das erforderliche Maß herabsetzt.]

Die mitunter geführte Diskussion, ob die Vorgänge am Übergangsmetall-Komplex ionischer oder radikalischer Natur sind (*40, 41, 72*), soll abschließend noch kurz Erwähnung finden. Die Frage ist u.E. zum gewissen Grade irrelevant. Mit größter Wahrscheinlichkeit treten weder freie Radikale noch freie Ionen auf. Selbstverständlich weist die Übergangsmetall-Kohlenstoff-Bindung einen gewissen – möglicherweise sogar recht beträchtlichen – polaren Charakter auf. Es erscheint jedoch nicht angebracht, deshalb von ionischen Prozessen zu sprechen. Vielmehr wird vorgeschlagen, es bei der Bezeichnung „Koordinative Polymerisation an Übergangsmetall-Katalysatoren" bewenden zu lassen.

9. Zusammenfassung

Die koordinative Polymerisation an löslichen Übergangsmetall-Katalysatoren ist ein Teilgebiet der in zunehmendem Maße an Bedeutung gewinnenden „homogenen Katalyse an Übergangsmetallen" (vgl. Oxo-Prozeß, Wacker-Prozeß, Isomerisierung, Cyclooligomerisierung von Olefinen usw.). Die Reaktionsmechanismen dieser wichtigen Prozesse sind in den meisten Fällen nur ungenügend bekannt. Bessere Kenntnisse würden aber mit größter Wahrscheinlichkeit zur Entdeckung gemeinsamer Trends und Parallelen führen und würden so Voraussage und Entwicklung neuer Prozesse erleichtern.

Die vorliegende Abhandlung hat in ihrem Kernstück (Abschnitt 4) das Ziel, für eine relativ kleine Gruppe von Katalysatorsystemen ($Cp_2TiRCl/R'AlCl_2$, mit Cp = Cyclopentadienyl und R, R' = Alkyl) die Struktur der katalytisch aktiven Spezies sowie den Mechanismus der Katalyse der Polymerisation von Äthylen zu erforschen. Das Katalysatorsystem mit R = R' = Äthyl erwies sich dabei als besonders geeigneter Ausgangspunkt, zeigte es doch, im Gegensatz zu allen bisher in der Literatur beschriebenen ähnlichen Systemen, klare Verhältnisse sowohl in Bezug auf die Polymerisationskinetik (z. B. keine Induktionsperioden; Polymerisationsgeschwindigkeit direkt proportional der eingesetzten Katalysator-Konzentration), als auch in Bezug auf die Kinetik der in diesen Systemen stets auftretenden Reduktion Ti(IV) → Ti(III).

Polymerkinetische und magnetochemische Untersuchungen führten zur Formulierung der katalytisch-aktiven Spezies als:

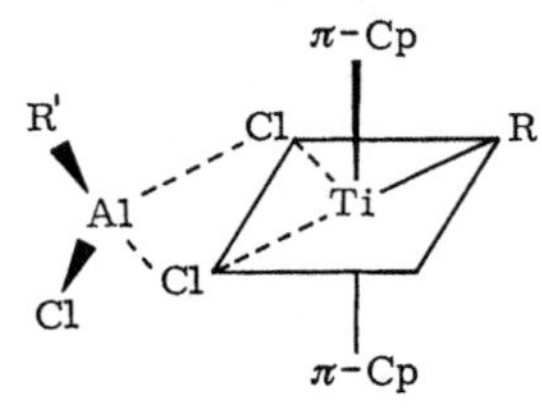

Die Stabilität der Metall-Kohlenstoff-σ-Bindung ist dabei der entscheidende Faktor für die katalytische Aktivität des Polymerisationskatalysators; an dieser Stelle muß das Monomere zwischen Metall und Kohlenstoff eingeschoben werden. Die vorliegenden Arbeit zeigt, in welchem Maße die Stabilität dieser Bindung beeinflußt werden kann durch die Elektron-Donator-Acceptor-Eigenschaften der übrigen Liganden im Komplex. Diese Erkenntnis eröffnet den Weg zu gezielter Veränderung der Katalysator-Aktivität. Ferner konnte experimentell nachgewiesen werden, daß die Koordination des Monomeren an die Leerstelle im Komplex eine zusätzliche Destabilisierung der Bindung Ti–C hervorruft und damit einen wesentlichen Teilschritt des gesamten Prozesses darstellt.

Selbstverständlich ist es das Fernziel einer derartigen mechanistischen Untersuchung, die gewonnenen Erkenntnisse an anderen Systemen zu prüfen, wobei als Rahmen hier zunächst die Polymerisation an anderen löslichen Übergangsmetall-Katalysatoren gewählt wurde. In Abschnitt 5 wird erwähnt, daß Boor und Youngman, auf Grund anderer Evidenzen, zu einem ähnlichen Modell für einen Vanadium-Katalysator für die Polymerisation von Propylen gekommen sind, allerdings ohne der Beeinflussung der Bindung Metall-Kohlenstoff durch andere Liganden Bedeutung beizumessen. In Abschnitt 6 werden an niedermolekularen Systemen gewonnene Erkenntnisse anderer Autoren mit unseren Befunden zusammengefügt zu einem Bild der stereospezifischen Polymerisation von konjugierten Diolefinen an Katalysatoren der 8. Gruppe des Periodischen Systems, einem Bild, welches notwendigerweise noch etwas spekulativen Charakter aufweist.

Um das gestellte Thema ,,Koordinative Polymerisation an löslichen Übergangsmetall-Katalysatoren" abzurunden, wird schließlich in Abschnitt 7 kurz die Copolymerisation an diesen Systemen erwähnt.

Wegen der außerordentlichen Bedeutung der Koordination des Monomeren an das Übergangsmetall bei all diesen Prozessen wurde der eigentlichen Diskussion der Katalysatorsysteme (nach Einleitung und einer kurzen Besprechung der experimentellen Methoden, Abschnitt 1 und 2) eine etwas ausführlichere Behandlung der koordinativen Bindung eines Olefins an ein Übergangsmetall vorangeschickt (Abschnitt 3). Dieser Abschnitt möge dem ungeübten Leser das Verständnis der MO-Betrachtungen in den Abschnitten 4 und 6 etwas erleichtern.

10. Summary

The coordinative polymerization with soluble transition metal systems is part of the growing field of homogeneous catalysis on transition metal centers (Oxo-Process, Wacker-Process, Isomerization, Cyclooligomerization of olefis, etc.). The mechanisms of these reactions have not yet been completely elucidated. Any new knowledge could perhaps contribute to the detection of common trends and parallels, and would thus facilitate prediction and development of new processes.

The present contribution is concerned in its main part with the investigation of the structure of the active species and the mechanism of catalysis for a relatively small family of polymerization catalysts ($Cp_2TiRCl/R'AlCl_2$, where Cp = cyclopentadienyl and R,R' = alkyl).

After a short introduction the experimental methods are reported (Chapters 1 and 2). Because of the importance of the coordination of the monomer in the processes under consideration the coordinative bonding of an olefin to a transition metal has been treated in some detail in Chapter 3. It has been written to help the reader not familiar with the language of MO theory.

Chapter 4 describes the kinetic and magnetic measurements carried out in order to elucidate the above mentioned catalysis. The system with R = R' = ethyl turned out to be especially suitable for such studies, since it shows clear kinetic relationships concerning the polymerization of ethylene (e.g. no induction period, proportionality between the rate of polymerization and the concentration of the catalyst). In addition the reduction Ti(IV) → Ti(III), which always takes place in these systems can easily be followed.

The characteristics of the catalytically active species can be formulated as follows:

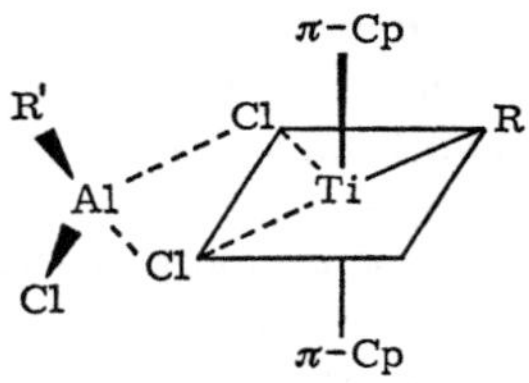

The decisive factor for the catalytic activity is the metal-carbon σ-bond where the monomer molecule has to be inserted. Essential content of the present work is the study of the stability of this metal-carbon bond as a function of the electron donor-acceptor properties of the ligands. Thus the activity of the catalytic center can be tailored. Furthermore, it could be shown experimentally, that the coordination of the monomer molecule to the free site of the active species provokes an additional destabilization of the metal-carbon bond.

The knowledge obtained in these investigations is used for a comparison with other catalytic systems. Among those, polymerization processes on other soluble transition metal centers have been selected. In Chapter 5 the Boor-Youngman model for the vanadium catalyst for the polymerization of propylene, derived from different experimental data, is comparatively discussed. Work of other authors on non-polymerizing systems has been combined with ideas stemming from the present work in order to interpret the stereospecific polymerization of conjugated diolefins on Group VIII metal catalysts. These considerations, not always free of some speculation, are given in Chapter 6. The field is closed in Chapter 7 with a brief description of copolymerization on soluble systems based on transition metals.

11. Literatur

1. ZIEGLER, K., E. HOLZKAMP, H. BREIL u. H. MARTIN: Angew. Chem. **67**, 541 (1955).
2. NATTA, G.: J. Polymer Sci. **16**, 143 (1955).
3. —, P. PINO, P. CORRADINI, F. DANUSSO, E. MANTICA, G. MAZZANTI u. G. MORAGLIO: J. Am. Chem. Soc. **77**, 1708 (1955).
4. FRIEDLÄNDER, H. N.: In: Crystalline olefin polymers, (R. A. V. RAFF, and K. W. DOAK, Eds.), Part 1, p. 215. New York: Interscience 1965.
5. CLARK, A.: Ind. Eng. Chem. **59**, 29 (1967).
6. WILKE, G., G. BOGDANOVIK, P. HARDT, P. HEIMBACH, W. KEIM, M. KRÖNER, W. OBERKIRCH, K. TANAKA, E. STEINBRÜCKE, D. WALTER u. H. ZIMMERMANN: Angew. Chem. **78**, 157 (1966).
7. BABITSKII, B. D., B. A. DOLGOPLOSK, V. A. KORMER, M. I. LOBACH, E. I. TINYAKOVA, and V. A. YAKOVLEV: Izv. Akad. Nauk. SSSR (englisch) **1965**, 1478.
8. RINEHART, R. E., H. P. SMITH, H. S. WITT, and H. ROMEYN: J. Am. Chem. Soc. **84**, 4145 (1962).
9. CANALE, A. J., W. A. HEWETT, T. M. SHRYNE, and A. E. YOUNGMAN: Chem. and Ind. **1962**, 1054.
10. NATTA, G., G. DALL'ASTA, and G. MOTRONI: Polymer Letters **2**, 349, (1964).
11. BOOR, J. JR.: Macromolecular Rev. **2**, 115 (1967).
12. COSSEE, P.: J. Catalysis **3**, 80 (1964), Rec. Trav. Chim. **85**, 1151 (1966).
13. J.W.BEGLEY and F. PENNELLA, J. Catalysis **8**, 203 (1967).
14. SCHNECKO, H., M. REINMÖLLER, K. WEIRAUCH, W. LINTZ u. W. KERN: Makromol. Chem. **69**, 105 (1963).
15. SELWOOD, P.W.: Determination of magnetic susceptibility. In: WEISSENBERGER, A. (Ed.): Technique of organic chemistry. 3. Aufl., Bd. I, Teil IV. New York: Interscience 1960.
16. BALLHAUSEN, C. J.: Introduction to Ligand field theory. New York: McGraw-Hill Book Comp. 1962.
17. Siehe z. B. COTTON, F. A.: Chemical applications of group theory. New York: Interscience 1963.
18. CHATT, J., and L. A. DUNCANSON: J. Chem. Soc. **1953**, 2939.
19. GUY, R. G., and B. L. SHAW: Advan. Inorg. Chem. **4**, 78 (1962).
20. NATTA, G., P. PINO, G. MAZZANTI, U. GIANNINI, E. MANTICA, and M. PERALTO; J. Polymer Sci. **26**, 120 (1957).
21. BRESLOW, D. S., and N. R. NEWBURG: J. Am. Chem. Soc. **79**, 5072 (1957); **81**, 81 (1959). Siehe auch (23).
22. CHIEN, J. C. W.: J. Am. Chem. Soc. **81**, 86 (1959).
23. LONG, W. P.: J. Am. Chem. Soc. **82**, 1953 (1960).
24. HENRICI-OLIVÉ, G. u. S. OLIVÉ: Angew. Chem. **79**, 764 (1967); Int. Ed. **6**, 790 (1967).
25. — — Kolloid Z., Z. Polymere **228**, 43 (1968).
26. MAKI, A. H., and E. W. RANDALL: J. Am. Chem. Soc. **82**, 4109 (1960).
27. BARTELINK, H. J. M., H. BOS, J. SCHMID, C. H. VRINSSEN et E. H. ADEMA: Rec. Trav. Chim. **81**, 225 (1962).
28. NATTA, G., P. CORRADINI, and I. W. BASSI: J. Am. Chem. Soc. **80**, 755 (1958).
29. — and C. MAZZANTI: Tetrahedron **8**, 86 (1960).
30. HENRICI-OLIVÉ, G., and S. OLIVÉ: Angew. Chem. **80**, 796 (1968), Int. Ed. **7**, 822 (1968).
31. FIRTH, R. A., H. A. O. HILL, J. M. PRATT, R. G. THORP, and R. J. P. WILLIAMS: Chem. Commun. **1967**, 400; siehe auch Chem. Commun. **1967**, 1013.
32. MULLIKEN, R. S., C. A. RIEKE, and W. G. BROWN: J. Am. Chem. Soc. **63**, 41 (1941).

33. Zitat (11), Kapitel IV-B-3.
34. Natta, G., P. Pino, G. Mazzanti, and U. Gianni: J. Inorg. Nucl. Chem. **8**, 612 (1958).
35. Sinn, H., u. F. Patat: Angew. Chem. **75**, 805 (1963); Int. Ed. 3, 93 (1964).
36. —, and E. Kolk: J. organometallic Chem. **6**, 373 (1966).
37. Brintzinger, H.: J. Am. Chem. Soc. **89**, 6871 (1967).
38. Henrici-Olivé, G. u. S. Olivé: Angew. Chem. **80**, 398 (1968).
39. — — Organometal. Chem. **16**, 339 (1969).
40. Shilov, A. Y., A. K. Shilova i B. N. Bobkov: Vysokomol. Soyedin **4**, 1688 (1962).
41. Dyachkorskii, A. K., F. S. Shilova i A. Y. Shilov: Vysokomol. Soyedin **8**, 308 (1966).
42. Zitat (11), Kapitel V—C.
43. Adema, E. H., H. Bos et C. H. Vrinssen: Rec. Trav. Chim. **79**, 1282 (1960).
44. Natta, G., A. Zambelli, G. Lanzi, I. Pasquon, E. R. Mognaschi, A. L. Segre u. P. Centola: Makromol. Chem. **81**, 161 (1965).
45. Boor, J. Jr., and E. A. Youngman: J. Polymer Sci. A-**1.4** 1861 (1966).
46. Youngman, A. E., and J. Boor Jr.: Macromol. Rev. **2**, 33 (1967).
47. Porri, L., G. Natta e M. C. Gallazi: Chim. Ind. (Milan) **46**, 428 (1964).
48. Matsumoto, T., and J. Furukywa: Polymer Letters **5**, 935 (1967).
49. Parr, R. G., and R. S. Mulliken: J. Chem. Phys. **18**, 1338 (1950).
50. Vrieze, K., C. Maclean, P. Cossee et C. W. Hilbers: Rec. Trav. Chim. **85**, 1077 (1966).
51. Oberhansli, W. E., and L. F. Dahl: J. Organometal. Chem. 3, 43 (1965).
52. Lydon, J. E., J. K. Nicholson, B. L. Shaw, and M. R. Truter: Proc. Chem. Soc. (London) **1964**, 421.
53. Zitat (6) und weitere Referenzen dort.
54. Lukach, C. A., and H. M. Spurlin: In: Ham, G. E., Ed.: Copolymerisation. New York: Interscience 1964.
55. Natta, G., G. Mazzanti, G. Crespi, A. Valvassori, and S. Sartori: Rubber Chem. Techn. **36**, 988 (1963).
56. Ketely, A. D. (Ed.): The stereochemistry of macromolecules, Vol. 1, Chap. 4. New York: Marcel Dekker, Inc. 1967.
57. Zitat (11), Kapitel XI—B.
58. Natta, G., G. Mazzanti, A. Valvassori e G. Sartori: Chim. Ind. (Milan) **40**, 717 (1958).
59. Karol, F. J., and W. L. Carrick: J. Am. Chem. Soc. **83**, 2654 (1961).
60. Mazzanti, G., A. Valvassori e G. Pajaro: Chim .Ind. (Milan) **39**, 825 (1957).
61. Otsu, T., A. Shimizu, and M. Imoto: J. Polymer Sci. A-**1.4**, 1579 (1966).
62. Natta, G., G. Dall'Asta, and G. Mazzanti: Angew. Chem. **76**, 765 (1964) und weitere Zitate dort.
63. Dall'Asta, G., u.G. Mazzanti: Makromolekul. Chem. **61**, 178 (1964).
64. Bier, G., and G. Lehmann: In: Ham G. E. Ed.: Copolymerisation. New York: Interscience 1964.
65. Hagemeyer, H. J. and M. B. Edwards: J. Polymer Sci. C **4**, 731 (1964).
66. Rodriguez, L. A. M., and H. M. van Looy: J. Polymer Sci. A-**1.4**, 1971 (1966).
67. Miesserov, K. G.: J. Polymer Sci. A-**1.4**, 3047 (1966).
68. Krauss, H. L., and H. Stach: Inorg. Nucl. Chem. Letters **4**, 393 (1968).
69. Reijen van, L. L., and P. Cossee: Disc. Faraday Soc. **41**, 277 (1966).
70. V. B. Kazanski and J. Turkevich: J. Catalysis **8**, 231 (1967).
71. Smith, J.: Ind. Eng. Chem. **48**, 1161 (1956).
72. Kennedy, J. P. u. A. W. Langer: Fortschr. Hochpolymer. Forsch. **3**, 508 (1964).

Eingegangen am 20. Februar 1969

Adv. Polymer Sci., Vol. 6, pp. 473—548 (1969)

Oligomere in verdünnten Lösungen

H. SOTOBAYASHI und J. SPRINGER
Fritz-Haber-Institut der Max-Planck-Gesellschaft, Berlin

Inhalt

I. Einleitung

Ein Makromolekül unterscheidet sich in seinen Eigenschaften charakteristisch von den Eigenschaften der das Makromolekül aufbauenden niedermolekularen Substanz. Seit den Anfängen der makromolekularen Chemie beschäftigt die Frage, wie sich die Eigenschaften einer Substanz mit wachsendem Polymerisationsgrad ändern und worin solche Veränderungen bestehen.

Zum Studium dieser Probleme ist die Betrachtung von Einzelmolekülen erforderlich. Da der Gaszustand polymerer Substanzen derartigen Untersuchungen nicht zugänglich ist, werden solche an verdünnten Lösungen angestellt.

Bei oligomeren Molekülen ist der Einfluß der Endgruppen auf die Eigenschaften ihrer Lösungen sicher nicht zu vernachlässigen. Er muß bei der theoretischen und experimentellen Bearbeitung besonders beachtet werden. Obwohl wir uns in dieser Arbeit darum bemühen, bleiben diesbezüglich noch viele Fragen ungeklärt.

Nach einigen Bemerkungen zur Definition des Begriffes „Oligomere", beschäftigt sich diese Arbeit mit der Fraktionierung, der Molekulargewichtsbestimmung und insbesondere den Eigenschaften von Oligomeren in verdünnten Lösungen. Die Grenzviskositätszahl und der lineare Diffusionskoeffizient werden zur hydrodynamischen und der zweite osmotische Virialkoeffizient zur thermodynamischen Charakterisierung betrachtet.

Gegenüber unserem zusammenfassenden Bericht über „Oligomere in Lösung" in der Zeitschrift "Kobunshi" (High Polymer, Japan) 1966 (*1*), und einem Vortrag zum gleichen Thema auf dem "Informal Meeting" während des Symposiums für makromolekulare Chemie 1966 in Kioto, wurde die vorliegende Arbeit mit unseren ersten Ergebnissen zur Frage der Konformation und der Verdünnungswärme von Oligomeren erweitert. Soweit sie uns zugänglich war, haben wir die Literatur bis zur Fertigstellung der Arbeit berücksichtigt.

II. Definitionen und Nomenklatur

Nach den von der deutschsprachigen Nomenklaturkommission (*2*) erarbeiteten Richtlinien für das Gebiet der makromolekularen Stoffe versteht man unter oligomeren Verbindungen Dimere, Trimere usw. und die Gemische der niederen Glieder polymerhomologer Reihen, die sich in chemische Individuen trennen lassen. Eine Trennung der Homologen ist ab einem Molekulargewicht von etwa 1000 an nicht mehr möglich, da sich dann die Substanzen in ihren physikalischen Eigenschaften nicht genügend unterscheiden, um mit Hilfe der gegenwärtig zur Verfügung stehenden Methoden in molekulareinheitliche Individuen getrennt zu werden. Daher führten ZAHN u. GLEITSMAN (*3*) den Begriff der Pleionomeren für molekulareinheitliche, polymerhomologe Substanzen ein, die auf Grund ihrer physikalischen Eigenschaften nicht getrennt werden können.

Im englisch-amerikanischen Sprachbereich ist nach einem Bericht der IUPAC-Kommission (*4*) der Ausdruck "low polymers" üblich, worunter man Polymere mit niedrigem Molekulargewicht versteht, gleichgültig, ob es sich um einheitliche oder uneinheitliche Produkte handelt. Auch in Japan ist die Nomenklatur unterschiedlich (*5—8*). Die Bezeichnungen „Oligomere" und "low polymers" sind hier synonym gebräuchlich.

Wenn wir in der folgenden Abhandlung von Oligomeren sprechen, dann meinen wir damit niedermolekulare Polymere bis zu einem Molekulargewicht von etwa 10^4, die sowohl einheitlich als auch uneinheitlich sein können.

III. Fraktionierung

Die für Polymere allgemein bekannten Fraktionierungsmethoden, wie Fällungs- und Lösungsfraktionierung, Fällungschromatographie (*7, 9, 10*), sind im Gebiet der Oligomeren nur beschränkt anwendbar. Sobald ein Extremwert im Verlauf des zweiten osmotischen Virialkoeffizienten als Funktion des Molekulargewichts auftritt, zeigen stets zwei verschiedene Molekulargewichte ein gleiches thermodynamisches Verhalten.

Unsere Meßergebnisse (*11*) an Oligocarbonaten sind in Tab. III.1 zusammengestellt und demonstrieren diese Eigenschaft. Danach fällt z. B. bei der Mischung Dioxan/n-Hexan mit 44,6% n-Hexan das Präparat 3 und ein Produkt, das zwischen den Präparaten 1 und 2 liegt, aus. Somit kann eine Fraktionierung von Oligocarbonaten in Dioxan durch Fällung mit n-Hexan nicht erfolgen. Arbeiten zu diesem Problem sind uns nicht bekannt.

In jüngster Zeit wurde die Gelpermeationschromatographie oder Gelfiltration (*12—19*) zu einer wichtigen Methode der Fraktionierung vor allem im Gebiet der Oligomeren entwickelt. In einer Säule befindliche

Tabelle III.1. *Zahlenmittel des Molekulargewichts M_n, Volumenanteil Φ von n-Hexan des Lösungsmittelgemisches Dioxan/n-Hexan am Trübungspunkt und zweiter osmotischer Virialkoeffizient B von Oligocarbonaten[a] in Dioxan bei 37° C*[11]

Präparat	M_n[b]	Φ (%)[c]	B[atm · g^{-2} · cm^6][b]
1	465	23,1	−11
2	1630	57,3	60
3	6700	44,6	31

[a] Die Oligocarbonate wurden durch Umesterung von Bisphenol-A und Diphenylcarbonat so dargestellt, daß die beiden Enden des Polycarbonats aus einer Phenolgruppe bestehen.

[b] Mit dem Dampfdruckosmometer der Firma Mechrolab (Modell 301-A) gemessen.

[c] Diese Werte wurden aus dem Auftreten einer Fluoreszenz kurz vor dem Trübungspunkt und Extrapolation auf den Grenzwert für unendliche Verdünnung bestimmt.

Gelpartikel mit unterschiedlicher Hohlraumstruktur trennen gelöste Moleküle nach der Größe und ihrem chemischen Aufbau. Der Mechanismus dieser Methode ist jedoch nicht so einfach und hängt von zahlreichen Faktoren ab.

Im Rahmen einer Arbeit zur Trennung oligomerer Modellsubstanzen aus Diphenylcarbonat und 4.4′-Dihydroxy-diphenyl-2.2′-propan(Bisphenol A) mit Hilfe der Gelchromatographie stellten wir fest, daß die Endgruppen den Trenneffekt mitunter stark beeinflussen (*20*). MEYERHOFF (*19*) konnte zeigen, daß das Trennvermögen ferner von der Konzentration und der Injektionsmenge der Lösung abhängig ist. Für analytische Zwecke sind hinsichtlich der Trennung optimale Konzentrationen (1–2%) und Injektionsmengen (2–5 cm³) ausreichend, aber für präparative Arbeiten und Untersuchungen der physikalischen Eigenschaften der Proben ist die Masse der so gewonnenen Fraktionen zu gering. Hierzu muß der Vorgang mehrmals wiederholt werden. Das ist mit Laborgeräten (*21*) und auch mit bereits im Handel erhältlichen Apparaturen (*22*) möglich.

MEYERHOFF u. SHIMOTSUMA (*23*) berichteten kürzlich über eine interessante Fraktionierungsmethode mit Hilfe der Membranchromatographie. Auch die Molekulardestillation (*24–29*) ist bereits mit Erfolg angewendet worden.

IV. Molekulargewichtsbestimmung

Das Molekulargewicht ist eine der wichtigsten Größen zur Charakterisierung der Substanz. Verschiedene Bestimmungsmethoden liefern bei polymolekularen Substanzen unterschiedliche Mittelwerte des Molekulargewichts, die sich allgemein durch

$$M_\beta = \frac{\sum_{i=0}^{\infty} m_i M_i^\beta}{\sum_{i=0}^{\infty} m_i M_i^{\beta-1}}$$

ausdrücken lassen (*30*). Ist $\beta = 0$, so ergibt sich das Zahlenmittel M_n, für $\beta = 1$ folgt das Gewichtsmittel M_w und für $\beta = 2$ das z-Mittel M_z. Die Bestimmungsmethoden, die für Oligomere in Frage kommen, sind in der Tab. IV.1 zusammengestellt. Hinsichtlich der Durchführung und Besonderheiten der einzelnen Methoden verweisen wir auf das zitierte Literaturmaterial.

Tabelle IV.1. *Molekulargewichtsbestimmung*

Methode	Molekulargewicht Art des Mittels	Bereich	Literatur
Vaporometer	M_n	$M < 2 \cdot 10^4$	*31–44*
Isotherme Dest.	M_n	$M < 5 \cdot 10^4$	*45–52*
Kryometrie u. Ebulliometrie	M_n	$M < 5 \cdot 10^4$	*53–63*
Osmotischer Druck	M_n	$10^4 < M < 10^6$	*64–71*
Endgruppenbestimmung	M_n	$M < 5 \cdot 10^4$	*72, 73*
Lichtstreuung u.	M_w	$5 \cdot 10^2 < M$	
Röntgen-Kleinwinkelstreuung	M_w	keine Grenze	*74–91*
Ultrazentrifuge	$M_{UZ}\,(M_{S,D}, M_z)$	$10^2 < M$	*92–94*
Viskosität	M_η	keine Grenze	*95–97*

V. Die Konformation oligomerer Moleküle

Die Konformation von Kettenmolekülen in verdünnter Lösung ist von Wechselwirkungen zwischen den Bauelementen abhängig. Man unterscheidet zwischen Wechselwirkungen im Nahbereich (short range interaction) und Wechselwirkungen im Fernbereich (long range interaction). Wechselwirkungen im Nahbereich bestehen zwischen Atomen und Gruppen, die nur durch wenige Valenzbindungen getrennt sind, während Wechselwirkungen im Fernbereich zwischen weiter voneinander entfernten Gruppen auftreten.

Zahlreiche theoretische Arbeiten beschäftigen sich mit der Konformation der Oligomeren (*98–126*). Dabei wurde die Sonderstellung ihrer Endgruppen bisher jedoch nicht berücksichtigt. Experimentelle Untersuchungen hierzu sind selten angestellt worden. Die Anwendung moderner Rechenanlagen erlaubt es, mit Hilfe von Rechnungen an Modellen Näherungslösungen zu diesem Problem zu gewinnen. Gittermodelle schienen uns dazu geeignet zu sein. Man kann mit ihrer Hilfe die Zahl und Art der Nachbarn der Bauelemente einer Kette verhältnismäßig einfach berechnen und ihnen entsprechende Potentiale zuordnen.

Wir haben die Konformation im quadratischen Gitter (QG), einfachkubischen Gitter (EKG) und im Diamantgitter (DG) untersucht. Hierzu betrachten wir das Polymermolekül im Modell als Perlenkette. Der Valenzwinkel zwischen den einzelnen Gliedern der Kette betrage im QG und im EKG 90°. Dann kann der Rotationswinkel im QG nur die Werte 0° und 180° annehmen. Im EKG hingegen kann der Rotationswinkel 0°, 90°, 180° und 270° betragen. Im DG ist der Valenzwinkel 109° 28′ und für den Rotationswinkel sind drei Werte 0°, 120° und 240° möglich. Treten alle Rotationswinkel mit gleicher Wahrscheinlichkeit auf, dann wird der mittlere Cosinus des Rotationswinkels Null und die Modellmoleküle verhalten sich hinsichtlich ihrer Dimensionen wie eine Valenzwinkelkette mit freier Drehbarkeit.

Wir beschäftigen uns in dem folgenden Abschnitt zunächst mit einem isolierten Molekül, um dann den Fall zu behandeln, daß sich in der Umgebung des Moleküls gleiche Individuen befinden (nicht isoliertes Molekül).

V.1. Das isolierte Molekül

Den Wechselwirkungen im Fernbereich tragen wir dadurch Rechnung, daß die miteinander verbundenen Bauelemente der Kette einen bestimmten Gitterpunkt nur einmal besetzen dürfen (ausgeschlossenes Volumen). Bestehen nur Wechselwirkungen im Nahbereich, dann befindet sich das Kettenmolekül in seinem „ungestörten" Zustand. Ein solches Molekül besteht aus einer Valenzwinkelkette, dessen Bauelemente einen Gitterpunkt mehrfach besetzen dürfen (kein ausgeschlossenes Volumen).

V.1.1. Das ungestörte Molekül

Nach dem Perlenkettenmodell ist ein Makromolekül aus $n + 1$ kugelförmigen Bauelementen vom Durchmesser d aufgebaut, die durch n-Bindungen der Länge b verknüpft sind (Abb. V.1). Werden die Bauelemente vom 0 bis n numeriert, dann beträgt der Abstand der Endpunkte $\boldsymbol{h}_{0n}$

$$\boldsymbol{h}_{0n} = \sum_{i=1}^{n} \boldsymbol{h}_i \qquad \text{(V.1)}$$

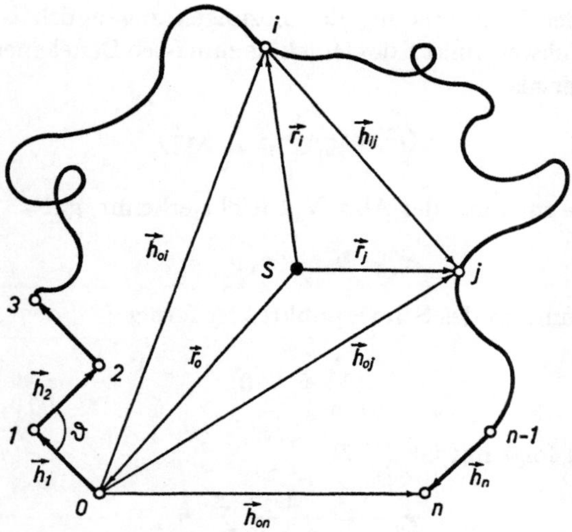

Abb. V.1. Valenzwinkelmodell eines linearen Polymermoleküls. S = Schwerpunkt, $|\boldsymbol{h}_i| = b$ = Bindungslänge, $i = 1,2,\ldots, n$, ϑ = Valenzwinkel

wenn $\boldsymbol{h}_i$ der Vektor der Bindung i vom Betrag b ist. Daraus erhalten wir für den mittleren quadratischen Fadenendenabstand, wenn wir die Mittelwerte durch gewinkelte Klammern kennzeichnen,

$$\langle h_{0n}^2\rangle = \left\langle\left(\sum_{i=1}^{n} \boldsymbol{h}_i\right)^2\right\rangle = \sum_{i=1}^{n} \langle \boldsymbol{h}_i^2\rangle + 2\sum_{j=2}^{n}\sum_{i=1}^{j-1} \langle \boldsymbol{h}_i \cdot \boldsymbol{h}_j\rangle\,. \qquad \text{(V.2)}$$

Für ein ungestörtes Molekül (Index „0" an der gewinkelten Klammer) gilt bei freier Drehbarkeit nach EYRING u. a. (*127–130*) die streng gültige Gleichung

$$\sum_{j=2}^{n}\sum_{i=1}^{j-1} \langle \boldsymbol{h}_i \cdot \boldsymbol{h}_j\rangle_0 = b^2\,[(n-1)\cos\beta + (n-2)\cos^2\beta + \cdots + \cos^{n-1}\beta]$$

$$= b^2\left[n\,\frac{\cos\beta\,(1-\cos^{n-1}\beta)}{1-\cos\beta} - \frac{\cos\beta - n\cos^n\beta + (n-1)\cos^{n+1}\beta}{(1-\cos\beta)^2}\right], \qquad \text{(V.3)}$$

wenn $\beta = 180 - \vartheta$ und ϑ der Valenzwinkel ist. Aus den Gl. (V.2) und (V.3) folgt für den mittleren quadratischen Fadenendenabstand $\langle h^2\rangle_0$ einer Valenzwinkelkette mit freier Drehbarkeit im ungestörten Zustand, da $\sum_{i=1}^{n} \langle \boldsymbol{h}_i^2\rangle = nb^2$ ist,

$$\langle h^2\rangle_0 \equiv \langle h_{0n}^2\rangle_0 = nb^2\,\frac{1+\cos\beta}{1-\cos\beta} - 2b^2\cos\beta\,\frac{1-\cos^n\beta}{(1-\cos\beta)^2}\,. \qquad \text{(V.4)}$$

Neben dem mittleren Fadenendenabstand ist der mittlere Trägheitsradius $\langle r^2\rangle$ eine wichtige Größe, die aus dem hydrodynamischen Verhalten und der Lichtstreuung der Lösungen zugänglich ist. Ist $\boldsymbol{r}_i$ der Vektor vom Schwerpunkt S des Moleküls zum i-ten Bauelement (Abb. V. 1) dann ist dieser als

$$\langle r^2\rangle \equiv \frac{1}{n+1} \sum_{i=0}^{n} \langle \boldsymbol{r}_i^2\rangle \tag{V.5}$$

definiert. Wie man aus der Abb. V.1 leicht erkennt, gilt

$$\boldsymbol{r}_i = \boldsymbol{h}_{0i} + \boldsymbol{r}_0 \,. \tag{V.6}$$

Nach der Definition des Schwerpunktes ist ferner

$$\sum_{i=0}^{n} \boldsymbol{r}_i = 0 \,. \tag{V.7}$$

Aus Gl. (V.6) folgt mit Gl. (V.7)

$$\boldsymbol{r}_0 = -\frac{1}{n+1} \sum_{i=0}^{n} \boldsymbol{h}_{0i} \tag{V.8}$$

und damit

$$r_0^2 = \frac{1}{(n+1)^2} \sum_{i=0}^{n} \sum_{j=0}^{n} \boldsymbol{h}_{0i} \cdot \boldsymbol{h}_{0j} \,. \tag{V.9}$$

Aus den Gl. (V.5) und (V.6) ergibt sich

$$\langle r^2\rangle = \frac{1}{n+1} \left\{ \sum_{i=0}^{n} \langle h_{0i}^2\rangle + 2\boldsymbol{r}_0 \cdot \sum_{i=0}^{n} \langle \boldsymbol{h}_{0i}\rangle + (n+1)\langle r_0^2\rangle \right\} \tag{V.10}$$

und mit den Gl. (V.6) und V.9) erhält man

$$\langle r^2\rangle = \frac{\sum_{i=0}^{n} \langle h_{0i}^2\rangle}{n+1} - \frac{1}{(n+1)^2} \sum_{i=0}^{n} \sum_{j=0}^{n} \langle \boldsymbol{h}_{0i} \cdot \boldsymbol{h}_{0j}\rangle \,. \tag{V.11}$$

Setzt man für das Produkt

$$\boldsymbol{h}_{0i} \cdot \boldsymbol{h}_{0j} = \frac{1}{2} \left(h_{0i}^2 + h_{0j}^2 - h_{ij}^2\right)$$

dann resultiert aus Gl. (V. 11)

$$\langle r^2\rangle = \frac{1}{2(n+1)^2} \sum_{i=0}^{n} \sum_{j=0}^{n} \langle h_{ij}^2\rangle = \frac{1}{(n+1)^2} \sum_{j=1}^{n} \sum_{i=0}^{j-1} \langle h_{ij}^2\rangle \tag{V.12}$$

bzw. mit Gl. (V.4)

$$\begin{aligned} \langle r^2\rangle_0 = \frac{1}{(n+1)^2} \sum_{j=1}^{n} \sum_{i=0}^{j-1} \Big\{ & (j-i)\, b^2 \frac{1+\cos\beta}{1-\cos\beta} \\ & - 2b^2 \frac{\cos\beta}{(1-\cos\beta)^2} \left(1 - \cos^{j-i}\beta\right) \Big\} \,. \end{aligned} \tag{V.13}$$

Nach Berechnung der Summen in Gl. (V. 13) ergibt sich für den mittleren quadratischen Trägheitsradius $\langle r^2\rangle_0$ einer Valenzwinkelkette mit freier Drehbarkeit im ungestörten Zustand (*132*)

$$\langle r^2\rangle_0 = b^2\left\{\frac{1+\cos\beta}{1-\cos\beta}\,\frac{n(n+2)}{6(n+1)} - \frac{\cos\beta}{(1-\cos\beta)^4}\left[\frac{n}{n+1} - \frac{2n(n+2)}{(n+1)^2}\cos\beta + \frac{n+2}{n+1}\cos^2\beta - \frac{2\cos^{n+2}\beta}{(n+1)^2}\right]\right\}. \quad \text{(V. 14)}$$

Für große Werte von n vereinfachen sich die Gl. (V.4) bzw. (V. 14) zu

$$\langle h^2\rangle_0 = n b^2 \frac{1+\cos\beta}{1-\cos\beta} \quad \text{(V. 15)}$$

$$\langle r^2\rangle_0 = \frac{n b^2}{6}\,\frac{1+\cos\beta}{1-\cos\beta}\,. \quad \text{(V. 16)}$$

Schließlich ergibt sich aus den Gl. (V. 15) und (V. 16) die für große n gültige Beziehung zwischen dem mittleren quadratischen Fadenendenabstand und Trägheitsradius

$$\frac{\langle h^2\rangle_0}{\langle r^2\rangle_0} = 6\,. \quad \text{(V. 17)}$$

Schon PETERLIN und andere Autoren (*133, 134*) wiesen darauf hin, daß für kleine Werte von n dieses Verhältnis nicht konstant ist. Wir haben das Verhältnis $\langle h^2\rangle_0/\langle r^2\rangle_0$ für unser Modell im EKG ($\cos\beta = 0$) und im DG ($\cos\beta = 1/3$) nach den Gl. (V.4) und (V. 14) berechnet und die Abhängigkeit dieses Verhältnisses von der Bindungszahl n in Abb. V.2

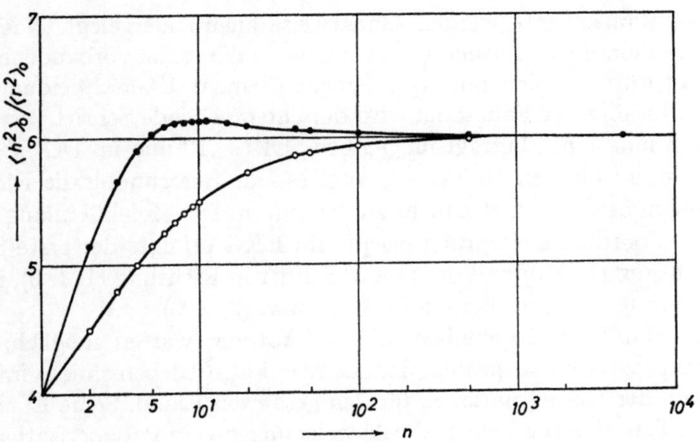

Abb. V.2. Abhängigkeit des Verhältnisses $\langle h^2\rangle_0/\langle r^2\rangle_0$ von der Bindungszahl n. ○ einfach-kubisches Gitter, ● Diamantgitter

dargestellt. Wie man daraus erkennt, nähert sich im EKG das Verhältnis langsam dem Wert 6. Im DG nähert sich die Kurve nach einem steilen Anstieg und einem Maximalwert von 6,137 etwa bei $n = 10$ von Werten > 6 diesem Grenzwert.

V.1.2. Das gestörte Molekül

Das gestörte Molekül unterliegt dem Einfluß der Wechselwirkungen im Fernbereich. Es besteht daher aus einer Valenzwinkelkette, bei der eine mehrfache Besetzung von Gitterpunkten nicht zugelassen ist. Dem ausgeschlossenen Volumen der Bauelemente wird also im Gegensatz zum ungestörten Zustand Rechnung getragen. Die Konformation solcher Moleküle kann durch numerische Berechnungen bestimmt werden.

TERAMOTO et. al. (*98*) und FISCHER und andere Autoren (*99–107*) haben die Anordnungsmöglichkeiten einer vorgegebenen Anzahl von Bauelementen in einem gegebenen Gitter genau ausgezählt. WALL und andere Autoren (*108–126*) versuchten, auf statistischem Wege mit Hilfe der Monte-Carlo-Methode die gewünschten Informationen über den Aufbau der Kette zu gewinnen. Hierzu wird mit einem Computer eine große Anzahl von Ketten durch schrittweise Aneinanderreihung von Bauelementen, deren Richtung vom Zufall bestimmt wird, erzeugt. Eine große Zahl derartig aufgebauter Individuen erlaubt dann eine vernünftige Mittelwertbildung.

Wir haben die Untersuchung der Konformation gestörter Moleküle dahingehend erweitert, daß wir den Endgruppen eine Sonderstellung eingeräumt haben.

V.1.2.1. Aufbau der Kette

Die Bauelemente werden schrittweise aneinandergelegt. Nach dem Ansetzen eines jeden neuen Bauelements an die schon vorhandene Kette wird geprüft, ob sich mit irgendeinem Element Überschneidungen ergeben. Ist dies der Fall, dann wird der entsprechende Schritt verworfen. Die Bindungslänge beträgt im QG bzw. EKG „1“ und im DG „$\sqrt{3}$“. Im Falle eines isolierten Moleküls genügt es, zur Berechnung die Richtung der ersten beiden Schritte nicht zu verändern. Der Molekülanfang wurde in den Koordinatenursprung gelegt. Im EKG erfolgte der erste Schritt in Richtung (1, 0, 0) und der zweite Schritt in Richtung (1, 1, 0), im DG in Richtung der Koordinaten (1, 1, 1) bzw. (2, 2, 0).

An Hand der Ergebnisse anderer Autoren war es möglich, unser Rechenprogramm zu prüfen. TERAMOTO et al. (*98*) berechnete im EKG die Zahl der Konformationen für den gesamten Raum. Seine Ergebnisse sind in Tab. V.1 angegeben. Die Abweichungen vom Polymerisationsgrad $P = 8$ ($P = n + 1$, $n =$ Schrittzahl) an beruhen offensichtlich auf einem Rechenfehler von TERAMOTO.

Tabelle V.1. *Zahl der möglichen Konformationen in einem einfach-kubischen Gitter. Molekülanfang im Koordinatenursprung. P = Polymerisationsgrad, a) für den gesamten Raum, b) bei festen ersten Schritten in Richtung (1,0,0) und (1,1,0)*

P	Zahl der Konformationen		
	TERAMOTO (*98*)		SOTOBAYASHI
	(a)	(b)	(b)
3	24	1	1
4	96	4	4
5	360	15	15
6	1368	57	57
7	4992	208	208
8	18504	771	767
9	64770	2698,75	2805
10	—	—	10298

MARTIN (*100*) berechnete die Zahl der möglichen Konformationen im DG. Wie man aus Tab. V.2 ersieht, stimmen unsere Berechnungen mit seinen überein.

Tabelle V.2. *Zahl der möglichen Konformationen in einem Diamantgitter. Molekülanfang im Koordinatenursprung. P = Polymerisationsgrad, a) für den gesamten Raum, b) bei festen ersten Schritten in Richtung (1,1,1) und (2,2,0)*

P	Zahl der Konformationen		
	MARTIN (*100*)		SOTOBAYASHI
	(a)	(b)	(b)
3	12	1	1
4	36	3	3
5	108	9	9
6	324	27	27
7	948	79	79
8	2796	233	233
9	8186	683	683
10	24060	2005	2005
11	70188	5849	5849
12	205284	17107	17107
13	597996[a]	49833	—
14	1744548[a]	145379	—
15	5073900[a]	422825	—

[a] Privatmitteilung von J. L. MARTIN nach C. DOMB (*105*).

Eine Fortsetzung solcher exakten Berechnungen scheitert jedoch an zu langen Rechenzeiten. Wir haben deshalb die Konformationen eines 15-, 20- und 25-meren nach der Monte-Carlo-Methode berechnet. Mit Hilfe eines Zufallsgenerators[1] wurden dazu zunächst 5000 Zufallskonformationen eines 5-meren im EKG und 2500 Zufallskonformationen eines 5-meren im DG erzeugt. Hierbei wurden die ersten beiden Schritte wie oben beschrieben festgelegt und die Richtung aller weiteren Schritte im Raum durch Zufallszahlen bestimmt. Durch fünf weitere Zufallsschritte wurde dann versucht, aus jedem 5-meren ein 10-meres aufzubauen (*113*). Hierbei wurde jedes 5-mere zweimal benutzt. Entsprechend erfolgte der Aufbau der 15-, 20- und 25-meren. Tab. V.3 zeigt die Zahl der so erzeugten, möglichen Konformationen. Der Schwundparameter (*108*), eine Folge des ausgeschlossenen Volumens, ist demnach im EKG größer als im DG.

Tabelle V.3. *Zahl der erzeugten Konformationen (N) nach der Monte-Carlo-Methode. P = Polymerisationsgrad, a) einfach-kubisches Gitter, b) Diamantgitter*

P	N	
	(a)	(b)
5	5000	2500
10	6744	4581
15	8412	7891
20	10393	13544
25	12539	22886

V.1.2.2. Intra- und intermolekulare Kontakte

Sind zwei unmittelbar benachbarte Gitterpunkte von Bauelementen eines Moleküls besetzt, ohne daß eine chemische Verbindung zwischen diesen Gitterpunkten besteht, dann sprechen wir von einem intramolekularen Kontakt (*131*). Sind die unmittelbar benachbarten Gitterpunkte von Bauelementen verschiedener Moleküle besetzt, dann besteht ein intermolekularer Kontakt. Für den Fall eines ioslierten Moleküls sind alle intermolekularen Kontakte Polymer-Lösungsmittel-Kontakte.

Abb. V.3 soll zwei fundamentale Größen des Gittermodells, die Koordinationszahl z und einen Parameter q verständlich machen. Beansprucht ein Molekül nur einen Gitterplatz (Abb. V.3A), dann ist die Zahl der intermolekularen Kontakte gleich der Koordinationszahl z.

[1] Nach einer Privatmitteilung von W. BRUNS hatte eine Prüfung dieses Zufallsgenerators auf die Periodizität der Zufallszahlen ergeben, daß erst nach 2^{21} Schritten die Startzahl wieder erreicht wird.

Werden von einem Molekül, welches aus linearen oder verzweigten offenen Ketten aufgebaut ist (Abb. V.3B), P Gitterplätze besetzt, dann beträgt die intermolekulare Kontaktzahl nicht z, sondern

$$zq_0 = P(z-2) + 2\,, \tag{V.18}$$

wobei q_0 eine Funktion von P ist. Für den Fall schließlich, daß intramolekulare Kontakte auftreten (Abb. V.3C), deren Zahl wir mit C bezeichnen wollen, ergibt sich für die intermolekulare Kontaktzahl

$$zq = P(z-2) + 2 - 2C\,. \tag{V.19}$$

Der Parameter q ist demnach sowohl eine Funktion des Polymerisationsgrades P als auch eine Funktion der konformationsabhängigen intramolekularen Kontaktzahl C.

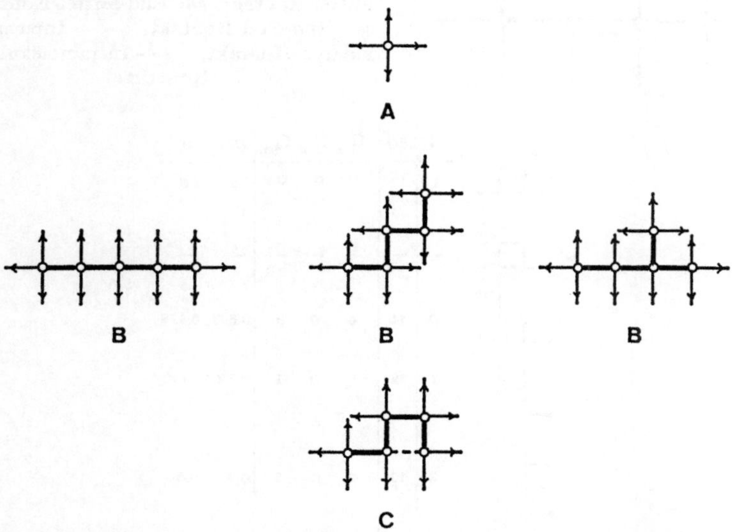

Abb. V.3. Schema zum quadratischen Gittermodell. Koordinationszahl $z = 4$; A „Monomolekül", B lineares oder verzweigtes offenes 5-meres, C 5-meres mit einem intramolekularen Kontakt, ← Intermolekularer Kontakt, - - - - Intramolekularer Kontakt

Unterscheiden wir zwischen End- und Mittelgruppen des Polymermoleküls, dann setzt sich die Zahl der intramolekularen Kontakte aus End-End-(C_{ee}), End-Mittel-(C_{em}) und Mittel-Mittel-(C_{mm})-Kontakten zusammen (Abb. V.4)

$$C = C_{ee} + C_{em} + C_{mm}\,. \tag{V.20}$$

Mit Gl. (V.20) wird aus Gl. (V.19)

$$zq = P(z-2) + 2 - 2(C_{ee} + C_{em} + C_{mm})\,. \tag{V.21}$$

Bezeichnen wir den Bruchteil der Mittel- bzw. Endgruppen an der intermolekularen Kontaktzahl zq mit m bzw. e, dann folgt

$$m = \frac{(P-2)(z-2) - (2\,C_{mm} + C_{em})}{zq} \tag{V.22}$$

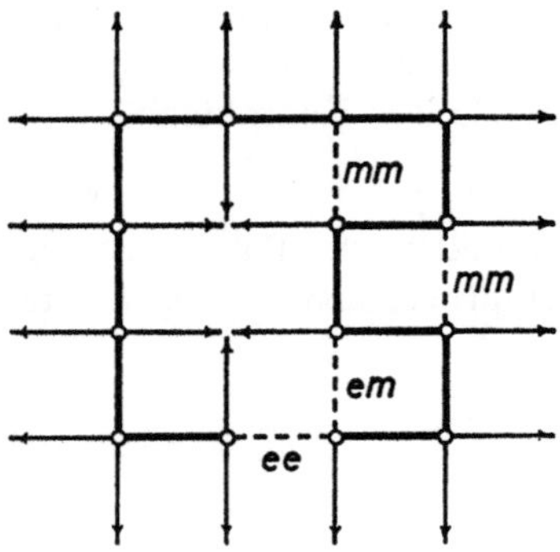

Abb. V.4. Schema zum quadratischen Gittermodell. Koordinationszahl $z = 4$, Polymerisationsgrad $P = 14$; *mm* Mittel-Mittel-Kontakt, *em* End-Mittel-Kontakt, *ee* End-End-Kontakt, ← Intermolekularer Kontakt, - - - - Intramolekularer Kontakt

	C	zq	C_{mm}	C_{ee}	C_{em}	m	e
	1	12	1	0	0	0,5	0,5
* 	–	–	–	–	–	–	–
	0	14	0	0	0	0.571	0.429
	1	12	0	0	1	0.582	0.418
	2	10	0	0	2	0,6	0.4
	1	12	0	0	1	0,582	0,418
* 	–	–	–	–	–	–	–
* 	–	–	–	–	–	–	–

Abb. V.5. Schema zum quadratischen Gittermodell. Konformationen und zugehörige Konstanten bei festen ersten Schritten in Richtung (1,0) und (1,1). Koordinationszahl $z = 4$, Polymerisationsgrad $P = 6$, zugelassene Winkel 90°. ● Kettenanfang (Koordinatenursprung), * Wegen des aus geschlossenen Volumens verbotene Konformationen

und

$$e = \frac{2(z-1) - (2C_{ee} + C_{em})}{zq} = 1 - m\,. \qquad \text{(V.23)}$$

In Abb. V.5 sind für ein 6-meres Molekül alle möglichen Konformationen in einem QG gezeichnet, die man erhält, wenn man die Kette wie in Abschnitt 1.2.1. beschrieben aufbaut. Von den acht möglichen sind jedoch nur fünf Konformationen erlaubt, da die mit einem * gekennzeichneten Konformationen wegen des ausgeschlossenen Volumens verboten sind. Für jede Konformation sind in Abb. V.5 ferner die zugehörigen Werte C, zq, C_{mm}, C_{ee}, C_{em}, m und e angegeben.

Von den oben definierten Größen bilden wir für unsere Berechnungen einen Mittelwert, den wir wie folgt definieren

$$\langle X \rangle = \frac{1}{N} \sum_{i=1}^{N} X_i\,. \qquad \text{(V.24)}$$

Hierin ist N die Zahl der möglichen Konformationen und X_i ein Wert C, zq, C_{mm}, C_{em}, C_{ee}, m oder e der Konformation i.

V.1.2.2.1. Die intramolekulare Kontaktzahl

Für jede Konformation haben wir die Zahl und den Typ der intramolekularen Kontakte bestimmt. Ihre Mittelwerte sind in den Tab. V.4

Tabelle V.4. *Mittlere intramolekulare Kontaktzahlen im einfach-kubischen Gitter. P = Polymerisationsgrad*

P	$\langle C \rangle$	$\langle C_{mm} \rangle$	$\langle C_{ee} \rangle$	$\langle C_{em} \rangle$	$\langle C_{mm} \rangle / \langle C \rangle$	$\langle C_{ee} \rangle / \langle C \rangle$	$\langle C_{em} \rangle / \langle C \rangle$
a) Exakte Berechnung							
2	0	0	0	0	0	0	0
3	0	0	0	0	0	0	0
4	0,250	0	0,250	0	0	1,0	0
5	0,400	0	0	0,400	0	0	1,0
6	0,719	0,158	0,140	0,421	0,220	0,195	0,586
7	0,952	0,327	0	0,625	0,343	0	0,657
8	1,239	0,568	0,042	0,628	0,458	0,034	0,507
9	1,488	0,809	0	0,679	0,544	0	0,456
10	1,782	1,067	0,031	0,685	0,599	0,017	0,384
b) Monte-Carlo-Berechnung							
5	0,406	0	0	0,406	0	0	1,0
10	1,801	1,071	0,031	0,699	0,595	0,017	0,388
15	3,235	2,450	0	0,786	0,757	0	0,243
20	4,694	3,859	0,008	0,827	0,822	0,002	0,176
25	6,115	5,285	0	0,830	0,864	0	0,136

Tabelle V.5. *Mittlere intramolekulare Kontaktzahlen im Diamantgitter. P = Polymerisationsgrad*

P	$\langle C\rangle$	$\langle C_{mm}\rangle$	$\langle C_{ee}\rangle$	$\langle C_{em}\rangle$	$\langle C_{mm}\rangle/\langle C\rangle$	$\langle C_{ee}\rangle/\langle C\rangle$	$\langle C_{em}\rangle/\langle C\rangle$
a) Exakte Berechnung							
2	0	0	0	0	0	0	0
3	0	0	0	0	0	0	0
4	0	0	0	0	0	0	0
5	0	0	0	0	0	0	0
6	0,074	0	0,074	0	0	1,0	0
7	0,101	0	0	0,101	0	0	1,0
8	0,155	0,034	0,017	0,103	0,222	0,110	0,667
9	0,199	0,070	0	0,129	0,353	0	0,647
10	0,261	0,116	0,020	0,126	0,443	0,077	0,481
11	0,306	0,156	0	0,151	0,509	0	0,414
b) Monte-Carlo-Berechnung							
10	0,267	0,122	0,023	0,122	0,456	0,086	0,458
15	0,541	0,365	0	0,175	0,676	0	0,324
20	0,832	0,636	0,005	0,191	0,765	0,006	0,230
25	1,132	0,923	0	0,209	0,816	0	0,184

und V.5 angegeben. Bei den nach der Monte-Carlo-Methode berechneten Werten wurde bei der Mittelwertbildung nach Gl. (V.24) für N die Zahl der erzeugten Konformationen gesetzt. Ist der Polymerisationsgrad P ungerade, dann treten keine End-End-Kontakte ein, d. h. $\langle C_{ee}\rangle = 0$. Trägt man die mittlere intramolekulare Kontaktzahl $\langle C\rangle$ gegen den

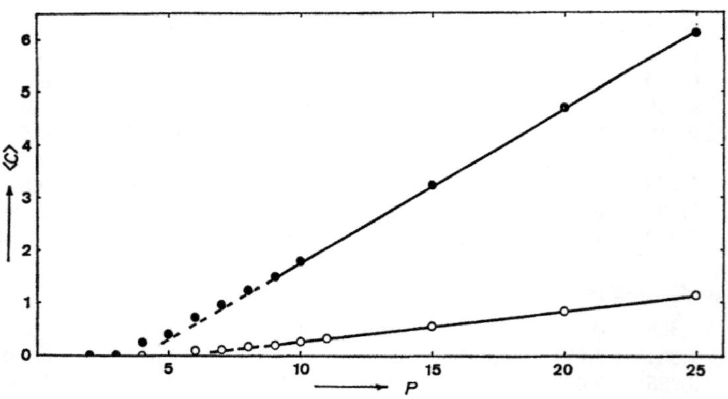

Abb. V.6. Abhängigkeit der mittleren intramolekularen Kontaktzahl $\langle C\rangle$ vom Polymerisationsgrad P. ● einfach-kubisches Gitter, ○ Diamantgitter

Polymerisationsgrad auf, dann ergeben sich sowohl im EKG als auch im DG Geraden (Abb. V.6), die die Gleichungen

$$\langle C \rangle = 0{,}292\,P - 1{,}15 \quad \text{(EKG)} \qquad \text{(V.25)}$$

und

$$\langle C \rangle = 0{,}059\,P - 0{,}34 \quad \text{(DG)} \qquad \text{(V.26)}$$

erfüllen. Die mittlere Kontaktzahl ist demnach im DG wesentlich kleiner als im EKG.

V.1.2.2.2. Die intermolekulare Kontaktzahl

Nach der Definitionsgleichung (V.24) können wir nunmehr auch die Mittelwerte der intermolekularen Kontaktzahl zq und deren Mittel- und Endgruppenanteil m und e angeben. Die Ergebnisse sind in Tab. V.6 zusammengefaßt und Abb. V.7 zeigt die Abhängigkeit dieser Größen vom

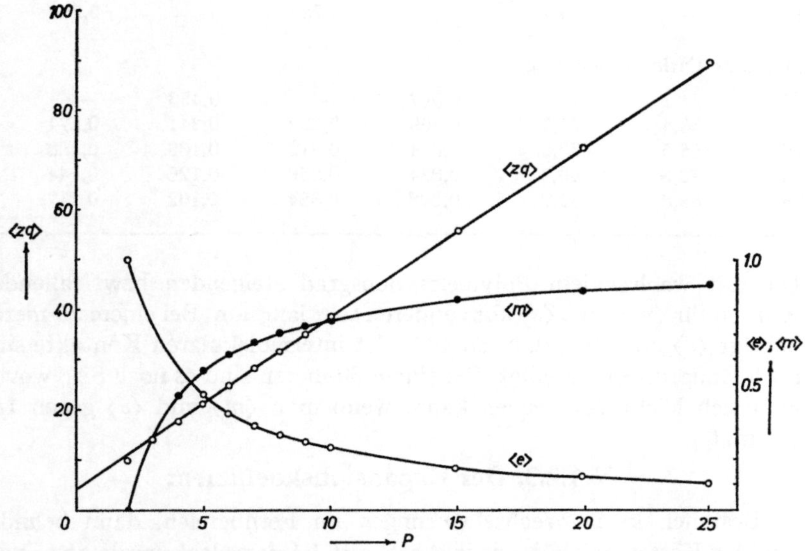

Abb. V.7. Abhängigkeit der Parameter $\langle zq \rangle$ (linker Maßstab), $\langle m \rangle$ und $\langle e \rangle$ (rechter Maßstab) vom Polymerisationsgrad P im einfach-kubischen Gitter

Polymerisationsgrad am Beispiel des EKG. Wie zu erwarten war, gehorcht $\langle zq \rangle$ im EKG der linearen Beziehung

$$\langle zq \rangle = 3{,}416\,P + 4{,}3 \quad \text{(EKG)}$$

die man aus den Gl. (V.19) und (V.25) berechnet. Für das DG gilt

$$\langle zq \rangle = 1{,}882\,P + 2{,}7 \quad \text{(DG)}\,.$$

Tabelle V.6. *Mittlere intermolekulare Kontaktzahl $\langle zq \rangle$ und deren Mittel- $\langle m \rangle$ und Endgruppenanteil $\langle e \rangle$ im einfach-kubischen Gitter (1) und im Diamantgitter (2). P = Polymerisationsgrad*

P	$\langle zq \rangle$		$\langle m \rangle$		$\langle e \rangle$	
	(1)	(2)	(1)	(2)	(1)	(2)
a) Exakte Berechnung						
2	10,0	6,0	0	0	1,000	1,000
3	14,0	8,0	0,286	0,250	0,714	0,750
4	17,5	10,0	0,458	0,400	0,542	0,600
5	21,2	12,0	0,547	0,500	0,453	0,500
6	24,6	13,9	0,622	0,578	0,378	0,422
7	28,1	15,8	0,666	0,627	0,334	0,373
8	31,5	17,7	0,706	0,669	0,294	0,331
9	35,0	19,6	0,734	0,701	0,266	0,299
10	38,4	21,5	0,759	0,729	0,241	0,271
11	—	23,4	—	0,750	—	0,250
b) Monte-Carlo-Berechnung						
5	21,2	—	0,547	—	0,453	—
10	38,4	21,5	0,759	0,729	0,241	0,271
15	55,5	30,9	0,834	0,812	0,166	0,188
20	72,6	40,3	0,874	0,856	0,126	0,144
25	89,8	49,7	0,898	0,884	0,102	0,117

Die mit wachsendem Polymerisationsgrad steigenden bzw. fallenden Kurven für $\langle m \rangle$ bzw. $\langle e \rangle$ konvergieren sehr langsam. Bei einem 25-meren beträgt $\langle e \rangle$ noch 0,1, d. h. an 10% der intermolekularen Kontakte sind noch Endgruppen beteiligt. Bei einem 50-meren sind es noch 5%, wovon man sich leicht überzeugen kann, wenn man $\langle m \rangle$ und $\langle e \rangle$ gegen $1/P$ aufträgt.

V.1.2.3. Der Expansionskoeffizient

Bestehen keine Wechselwirkungen im Fernbereich, dann befindet sich das Kettenmolekül, wie in Abschnitt 1.1 dargelegt wurde, in seinem ungestörten Zustand. Sein mittlerer quadratischer Fadenendenabstand ist $\langle h^2 \rangle_0$. Ein gestörtes oder reales Kettenmolekül unterliegt dem Einfluß der Wechselwirkungen im Fernbereich. Ist sein mittlerer quadratischer Fadenendenabstand $\langle h^2 \rangle$, dann gibt der lineare Expansionskoeffizient α nach FLORY (*135*, *136*)

$$\alpha = \left(\frac{\langle h^2 \rangle}{\langle h^2 \rangle_0} \right)^{0,5}$$

die Ausdehnung dieses realen Knäuels gegenüber seinem ungestörten Zustand an. Die Abhängigkeit des Expansionskoeffizienten vom Polymerisationsgrad und Lösungsmittel ist Gegenstand zahlreicher theoretischer und experimenteller Untersuchungen, wobei allerdings das Gebiet der Oligomeren bisher wenig bearbeitet wurde.

Um dem Einfluß des Lösungsmittels auf die mittleren Dimensionen eines Polymermoleküls Rechnung zu tragen, führten ORR (*137*), WALL (*111*, *114*, *115*), FISCHER (*101*) und MAZUR (*138*) einen Boltzmannschen Faktor für alle molekularen Kontakte ein. Räumt man den Endgruppen eine Sonderstellung ein, dann wird es notwendig sein, bei den Kontakten zwischen End-End-, End-Mittel- und Mittel-Mittel-Kontakten zu unterscheiden. Dazu vereinfachen wir das Problem auf Grund folgender Modellvorstellung.

Im Falle eines sehr schlechten Lösungsmittels für End- und Mittelgruppen sollen alle möglichen intramolekularen Kontakte (End-End-, End-Mittel- und Mittel-Mittel-Kontakte) erlaubt sein (*A*). Ist das Lösungsmittel gut für die Endgruppen, dann werden die unmittelbar benachbarten Gitterplätze der Endgruppen von Lösungsmittelmolekülen besetzt sein und intramolekulare Kontakte können dann nur Mittel-Mittel-Kontakte sein (*B*). Wenn das Lösungsmittel gut für die Mittelgruppen ist, dann werden sich nur End-End-Kontakte bilden (*C*), und ist schließlich das Lösungsmittel sowohl für die End- als auch für die Mittelgruppen gut, dann können gar keine intramolekularen Kontakte entstehen (*D*).

Wir haben für diese vier Fälle im Diamantgitter den mittleren quadratischen Fadenendenabstand von Molekülen mit verschiedenem Polymerisationsgrad berechnet und mit Hilfe des mittleren quadratischen Fadenendenabstandes im ungestörten Zustand [Gl. (V.4)] die linearen Expansionskoeffizienten bestimmt. Die Ergebnisse sind in Tab. V.7 zusammengestellt. Für den Fall, daß alle intramolekularen Kontakte erlaubt sind (*A*), berechnete DOMB (*105*) die Konformationszahlen und den mittleren quadratischen Fadenendenabstand bis zum Polymerisationsgrad 15. Seine Werte stimmen bis zum Polymerisationsgrad 12 mit unseren überein. Im Diamantgitter können erst vom Polymerisationsgrad 6 an End-End-Kontakte entstehen. Daher wird der Expansionskoeffizient erstmals in den Fällen *B* und *D* bei $P = 6$ größer als 1. Ist P ungerade, dann sind End-End-Kontakte nicht möglich und daher wird $\alpha_C = \alpha_D$.

In Abb. V.8 ist die Abhängigkeit der Expansionskoeffizienten vom Polymerisationsgrad dargestellt. Damit soll gezeigt werden, daß es in hohem Maße von den Endgruppen der Polymermoleküle abhängt, ob ein Lösungsmittel für ein bestimmtes System gut oder schlecht ist. In den Abb. V.9 und V.10 sind die Kubikzahlen der linearen Expansionskoeffizienten α_A und α_D gegen die Schrittzahl n bzw. deren Quadratwurzel aufgetragen. Bezeichnen wir mit n_0 die Schrittzahl, bis zu der der Fall

Tabelle V.7. *Linearer Expansionskoeffizient α im Diamantgitter. P = Polymerisationsgrad; A: alle Kontakte erlaubt; B: nur Mittel-Mittel-Kontakte erlaubt; C: nur End-End-Kontakte erlaubt; D: alle Kontakte verboten*

P	N_A	N_B	N_C	N_D	α_A	α_B	α_C	α_D
a) Exakte Berechnung								
N = Zahl der möglichen Konformationen bei festen ersten Schritten in Richtung (1,1,1) und (1,1,0)								
2	1	1	1	1	1,0	1,0	1,0	1,0
3	1	1	1	1	1,0	1,0	1,0	1,0
4	3	3	3	3	1,0	1,0	1,0	1,0
5	9	9	9	9	1,0	1,0	1,0	1,0
6	27	25	27	25	1,0	1,035	1,0	1,035
7	79	71	71	71	1,012	1,055	1,055	1,055
8	233	205	201	197	1,020	1,066	1,071	1,081
9	683	601	553	553	1,028	1,070	1,099	1,099
10	2005	1731	1551	1541	1.035	1,081	1,114	1,117
11	5849	5013	4305	4305	1,043	1,089	1,132	1,132
12	17107	14537	12027	11959	1,049	1,096	1,144	1,147
13	49833[a]	—	—	—	1,057	—	—	—
14	145379[a]	—	—	—	1,062	—	—	—
15	422825[a]	—	—	—	1,069	—	—	—
b) Monte-Carlo-Methode								
N = Zahl der erzeugten Konformationen								
15	7891	6633	4720	4720	1,066	1,108	1,180	1,180
20	13544	11193	6365	—	1,091	1,131	1,228	—
25	11413	9342	4141	4141	1,109	1,145	1,267	1,267

[a] Privatmitteilung von J. L. MARTIN nach C. DOMB (*105*).

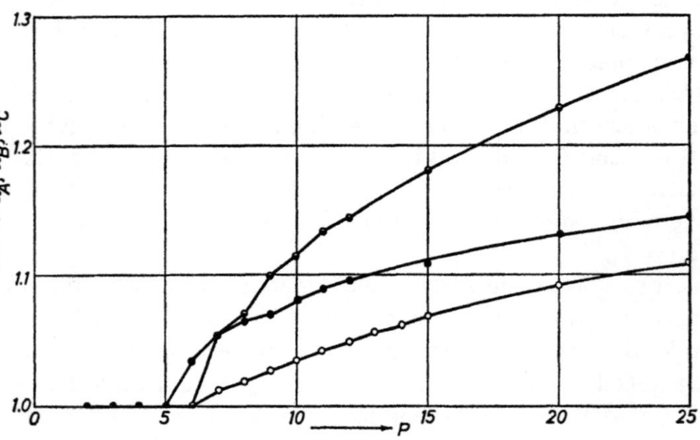

Abb. V. 8. Abhängigkeit der Expansionskoeffizienten α_A, α_B und α_C vom Polymerisationsgrad P im Diamantgitter. ○ α_A; ● α_B; ◒ α_C

des ausgeschlossenen Volumens noch nicht eintreten kann (keine Wechselwirkungen im Fernbereich), dann gilt die empirische Gleichung

$$\alpha^3 - 1 = \text{const.}\,(n^{0,5} - n_0^{0,5})\,, \qquad n > n_0\,. \tag{V.27}$$

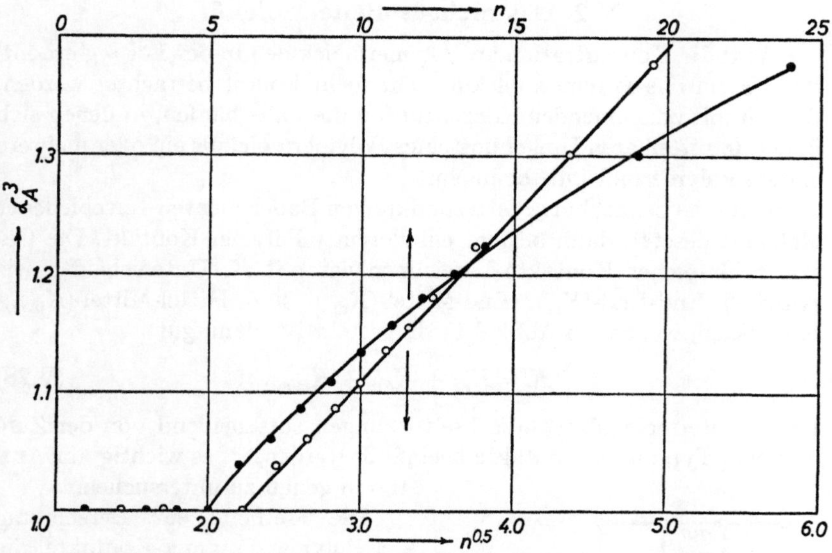

Abb. V.9. Kubikzahlen des Expansionskoeffizienten α_A in Abhängigkeit von der Schrittzahl n bzw. deren Quadratwurzel im Diamantgitter

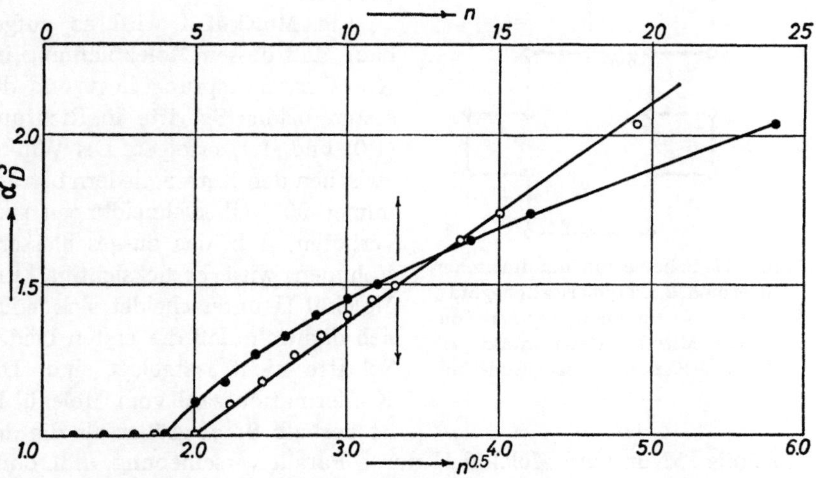

Abb. V.10. Kubikzahlen des Expansionskoeffizienten α_D in Abhängigkeit von der Schrittzahl n bzw. deren Quadratwurzel im Diamantgitter

Im Diamantgitter ist $n_0 = 5$ für α_A und 4 für α_D. Die Größenordnung dieser Werte macht deutlich, daß der Expansionskoeffizient im niedermolekularen Bereich ($n < 100$) wesentlich vom Wert n_0 abhängig ist.

V.2. Das nicht-isolierte Molekül

Wird die Konzentration an Polymermolekülen in der Lösung erhöht, dann kann das Polymermolekül nicht mehr isoliert betrachtet werden, da sich mit zunehmender Konzentration die Fälle häufen, in denen sich in der unmittelbaren Umgebung eines Polymermoleküls ein oder mehrere andere Polymermoleküle befinden.

Sind zwei benachbarte Gitterpunkte von Bauelementen verschiedener Moleküle besetzt, dann besteht ein Polymer-Polymer-Kontakt. Die Gesamtzahl solcher Kontakte bezeichnen wir mit K. Unterscheiden wir zwischen End-End-(K_{ee}), End-Mittel-(K_{em})- und Mittel-Mittel-(K_{mm})-Kontakten, wie das in Abb. V.11 dargestellt ist, dann gilt

$$K = K_{ee} + K_{em} + K_{mm}\,. \tag{V.28}$$

Da die intermolekularen Wechselwirkungen entscheidend von der Zahl und dem Typ dieser Kontakte beeinflußt werden, ist es wichtig, ihr Auftreten genau zu untersuchen.

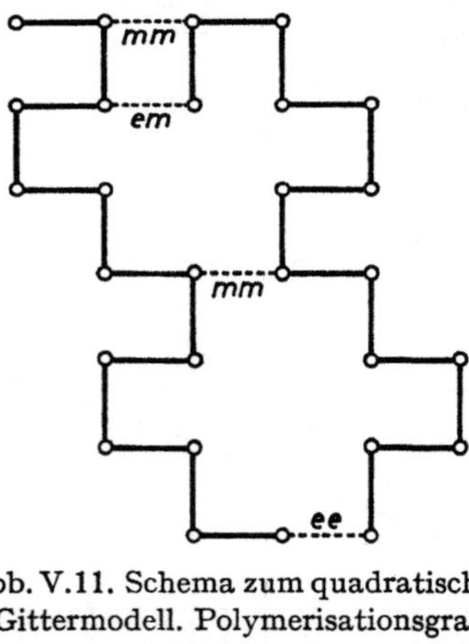

Abb. V.11. Schema zum quadratischen Gittermodell. Polymerisationsgrad $P = 14$; - - - - Polymer-Polymer-Kontakt, *mm* Mittel-Mittel-Kontakt, *em* End-Mittel-Kontakt, *ee* End-End-Kontakt

Die Methode zur Berechnung der Polymer-Polymer-Kontakte, die im QG und im EKG angewendet wurde, soll an Hand des QG erklärt werden.

Ein Molekül I wird so aufgebaut, daß dessen Molekülanfang im Koordinatenursprung liegt und die ersten beiden Schritte in Richtung (1,0) und (1,1) erfolgen. Der Winkel zwischen den Kettengliedern beträgt immer 90°. Überschneidungen sind verboten, d. h. das ausgeschlossene Volumen wird berücksichtigt. Ein Molekül II unterscheidet sich lediglich dadurch, daß die ersten beiden Schritte nicht festgelegt sind. Die Konformationszahl vom Molekül II ist deshalb 8mal größer als die des Moleküls I. Nun wird Molekül II durch Parallelverschiebung, d. h. ohne Drehung um ein Bauelement von Molekül II, um Molekül I schrittweise bewegt und immer geprüft, ob sich mit irgendeinem Bauelement Überschneidung ergibt. Ist dies nicht der Fall, dann wird die Zahl und der Typ der Polymer-Polymer-Kontakte bestimmt. Da beim Bau von Molekül II die Richtung der ersten beiden Schritte nicht festgelegt wurde, genügt die Parallelverschiebung zur Berechnung der Kontaktzahlen.

Abb. V.12 soll die Problematik verständlich machen. Hier sind für ein ausgewähltes Konformationspaar eines Trimeren alle durch Parallelverschiebung möglichen Anordnungen gezeichnet, die sich bei Berücksichtigung des ausgeschlossenen Volumens ergeben.

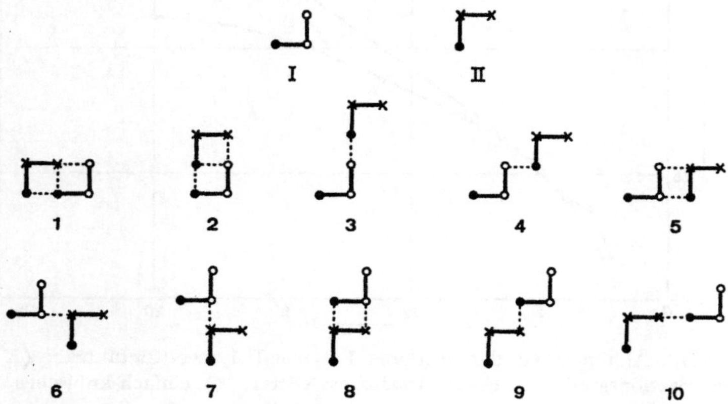

Abb. V.12. Schema zum quadratischen Gittermodell. Anordnungen für ein ausgewähltes Konformationspaar eines Trimeren (Molekül I und II), die durch Parallelverschiebung unter Beibehaltung mindestens eines Polymer-Polymer-Kontaktes möglich sind. - - - Polymer-Polymer-Kontakt, ● Kettenanfang

Wir bilden wieder einen Mittelwert $\langle Y \rangle$ der Kontakte zwischen den Molekülen I und II

$$\langle Y \rangle = \frac{1}{N_p} \sum_{i=1}^{N_p} Y_i . \qquad (V.29)$$

Hierin ist N_p die Zahl der Anordnungen der Moleküle I und II und Y_i ein Wert K, K_{ee}, K_{em} oder K_{mm} der Anordnung i.

Wird die Zahl der Bauelemente >10, dann werden exakte Berechnungen der Kontaktzahlen zu langwierig. In diesem Falle wurden nach der Monte-Carlo-Methode jeweils 1000 Konformationspaare hergestellt und deren Kontakte bestimmt. Hierbei unterlagen die Moleküle I und II hinsichtlich ihres Aufbaus in der $X-Y$-Ebene bis auf den Winkel 90° und dem Verbot von Überschneidungen keinerlei Beschränkungen.

Die gleichen Untersuchungen wurden auch im EKG vorgenommen. Analog wurde hier Molekül I in zwei Oktanten und Molekül II im gesamten Raum aufgebaut.

Die Mittelwerte der Polymer-Polymer-Kontakte ($\langle K \rangle$) sind in Tab. V.8 angegeben. In Abb. V.13 sind die Werte $\langle K \rangle$ gegen den Polymerisationsgrad P aufgetragen. Die beiden Kurven scheinen sich Grenz-

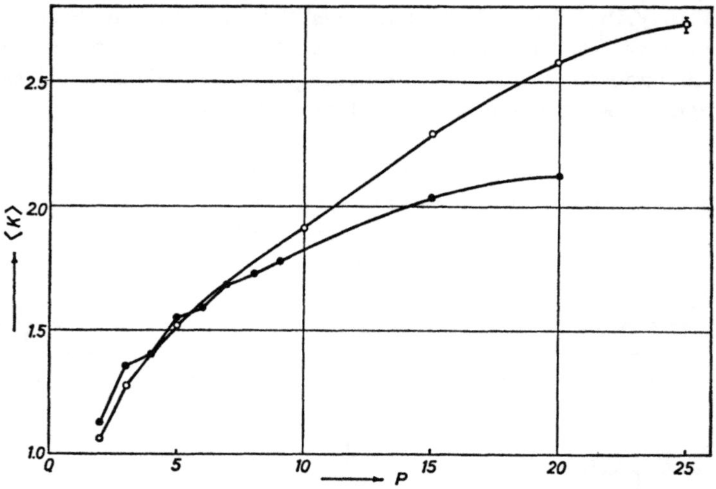

Abb. V.13. Abhängigkeit der mittleren Polymer-Polymer-Kontaktzahl $\langle K \rangle$ vom Polymerisationsgrad P. ● quadratisches Gitter, ○ einfach-kubisches Gitter

werten zu nähern. Wir wollen jedoch auf eine Diskussion dieses interessanten Problems an dieser Stelle verzichten, da hierzu noch Kontaktzahlen bei höheren Polymerisationsgraden berechnet werden müssen, um vor allem auch festzustellen, ob ein solcher Grenzwert gleichzeitig auch ein Maximalwert ist.

In Abb. V.14 ist die Abhängigkeit der reduzierten Werte der drei möglichen Typen der Polymer-Polymer-Kontaktzahl vom Polymerisations-

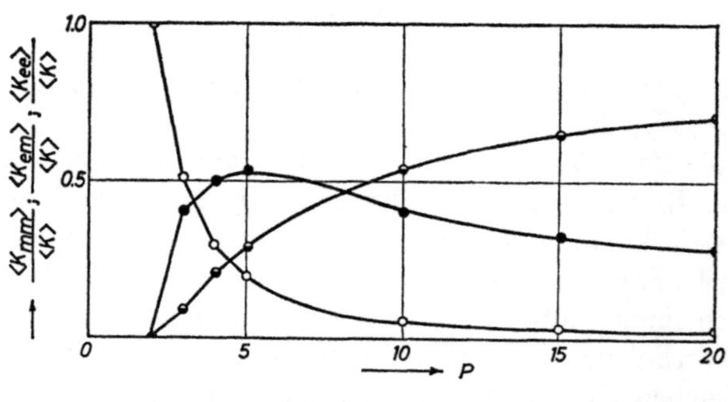

Abb. V.14. Abhängigkeit der reduzierten Polymer-Polymer-Kontaktzahlen vom Polymerisationsgrad P im einfach-kubischen Gitter. ◒ $\langle K_{mm} \rangle / \langle K \rangle$, ● $\langle K_{em} \rangle / \langle K \rangle$, ○ $\langle K_{ee} \rangle / \langle K \rangle$

Tabelle V.8. *Mittlere Polymer-Polymer-Kontaktzahlen. P = Polymerisationsgrad; N_1 = Zahl der Konformationen Molekül I; N_2 = Zahl der Konformationen Molekül II; N = Zahl der Konformationspaare ($N_1 \cdot N_2$); N_p = Zahl der möglichen Anordnungen der Moleküle I und II.*

P	N_1	N_2	N	N_p	$\langle K\rangle$	$\langle K_{ee}\rangle$	$\langle K_{em}\rangle$	$\langle K_{mm}\rangle$
Quadratisches Gitter ($z = 4$)								
a) Exakte Berechnung								
2	1	8	8	32	1,125	1,125	0	0
3	1	8	8	80	1,350	0,750	0,500	0,100
4	2	16	32	384	1,396	0,448	0,688	0,260
5	3	24	72	1008	1,536	0,429	0,778	0,329
6	5	40	200	3200	1,588	0,343	0,810	0,435
7	8	64	512	9088	1,686	0,307	0,852	0,526
8	13	104	1352	26624	1,726	0,266	0,861	0,599
9	21	168	3528	75680	1,775	0,236	0,862	0,677
b) Monte-Carlo-Berechnung								
10	—	—	1000	23298	1,889	0,226	0,909	0,754
15	—	—	1000	31795	2,036	0,153	0,898	0,985
20	—	—	1000	39426	2,127[a]	0,104	0,814	1,210
Einfach-kubisches Gitter ($z = 6$)								
a) Exakte Berechnung								
2	1	6	6	76	1,053	1,053	0	0
3	1	24	24	572	1,280	0,650	0,517	0,112
4	4	96	384	12484	1,398	0,418	0,694	0,285
b) Monte-Carlo-Berechnung								
5	—	—	1000	41052	1,529	0,300	0,798	0,431
10	—	—	1000	83889	1,911	0,114	0,770	1,027
15	—	—	500	52694	2,290	0,071	0,749	1,470
20	—	—	300	37916	2,570	0,053	0,706	1,812
25	—	—	60	8763	2,730[b]	0,046	0,687	1,997

[a] Der mittlere Fehler dieses Wertes beträgt bei $N = 300$ ($N_p = 11661$) $\pm 0{,}013$.
[b] Der mittlere Fehler dieses Wertes beträgt $\pm 0{,}021$.

grad für das EKG getrennt dargestellt. Die mit wachsendem Polymerisationsgrad steigenden bzw. fallenden Kurven für ($\langle K_{mm}\rangle/\langle K\rangle$) bzw. ($\langle K_{em}\rangle/\langle K\rangle$) konvergieren sehr langsam. Bei einem 20-meren beträgt ($\langle K_{em}\rangle/\langle K\rangle$) noch 0,3, d. h., daß noch 30% der Polymer-Polymer-Kontakte auf Endgruppen zurückzuführen sind. Im QG entfallen 40% der Polymer-Polymer-Kontakte auf die Endgruppen.

V.3. Schlußbemerkung

Wir haben die Konformation oligomerer Moleküle untersucht und dabei den Endgruppen eine Sonderstellung eingeräumt. Die Mittelwerte wurden nach den Gl. (V.24) und (V.29) gebildet. Für allgemeingültige Berechnungen wird man jedoch bei der Mittelwertbildung die einzelnen Größen mit verschiedenen Gewichten belegen müssen. Hier wurde zunächst der einfachste Fall behandelt, in dem der Gewichtsfaktor stets eins gesetzt wurde.

Mit den Kenntnissen hinsichtlich der Konformation der Moleküle können makroskopische Eigenschaften diskutiert werden. Am Beispiel der Verdünnungswärme wird das im Rahmen dieser Arbeit in Kap. VII.3.4 ausgeführt (*139*).

VI. Hydrodynamische Eigenschaften

VI.1. Viskosität

VI.1.1. Allgemeines

Nach der Theorie von Einstein (*140*) wird das Lösungsmittel als Kontinum angesehen und die gelösten Teilchen sind starre Kugeln, deren Durchmesser groß gegenüber den Abmessungen der Lösungsmittelmoleküle sind. Außerdem ist die Konzentration der Kugeln so klein, d. h. die mittlere Entfernung so groß, daß ihre gegenseitige Einwirkung vernachlässigt werden kann. Unter diesen Voraussetzungen berechneten Einstein für kugelige und später Eisenschütz (*141*), Peterlin (*142, 143*), u. a. für ellipsoid- bzw. stäbchenförmige Teilchen die Viskosität.

Stellt man ein Makromolekül in Lösung durch eine hydrodynamisch äquivalente Kugel dar, so läßt sich auch die Viskosität solcher Moleküle mit Hilfe der Einsteinschen Kontinuumstheorie behandeln.

An Hand von Rohrzuckerlösungen wurde das Einsteinsche Viskositätsgesetz geprüft, obwohl dieses System wegen der kleinen Unterschiede in den molekularen Abmessungen ($d_{C_{12}H_{22}O_{11}} = 5$ Å; $d_{H_2O} = 3$ Å) in Hinblick auf die gemachten Voraussetzungen dazu nicht geeignet ist (*75*). Die Meßwerte waren temperaturabhängig. Aus der hydrodynamischen Ableitung ist aber bei kugeligen Teilchen ein Temperatureinfluß nicht zu erklären ist. Das veranlaßte Stuart (*144*), sich mit den Grenzen der Einsteinschen Kontinuumstheorie zu beschäftigen, und er konnte an Hand von Viskositätsmessungen an einer großen Zahl von blättchenförmigen starren Molekülen (Benzolderivaten) in verschiedenen Lösungsmitteln und bei verschiedenen Temperaturen zeigen, daß für den Fall, daß die Größe der gelösten Moleküle vergleichbar mit der der Lösungsmittelmoleküle wird, die Einsteinsche Gleichung nicht gültig ist.

Bei niedermolekularen Lösungen muß man daher eine molekulare Betrachtung anstellen, weshalb wir die Viskosität von Hoch- und niedermolekularen Polymeren in Lösung in den folgenden Abschnitten getrennt abhandeln.

VI.1.2. Viskosität von Polymeren in Lösung

VI.1.2.1. Molekulargewichtsabhängigkeit

Für den Zusammenhang zwischen der Grenzviskositätszahl $[\eta]$ und dem Molekulargewicht M gilt in verschiedenen Lösungsmitteln die bekannte empirische Gleichung (*145–148*)

$$[\eta] = K M^a \qquad \text{(VI. 1)}^2$$

mit den Konstanten K und a. Nach den experimentellen Ergebnissen liegt der Exponent a meist zwischen 0.5 und 1. Allerdings ist a über

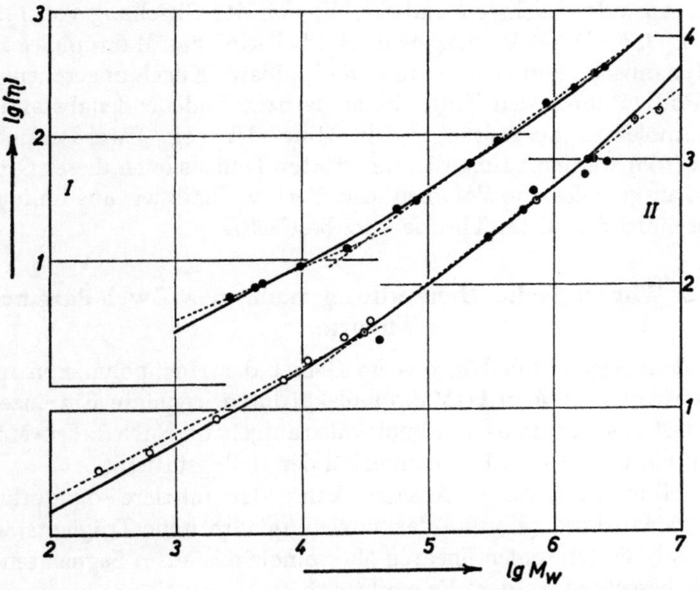

Abb. VI.1. Abhängigkeit der Viskositätszahl $[\eta]$ vom Molekulargewicht M_W.

I. Polymethylmethacrylat in Benzol (*153*), 30° C;

- - - - $[\eta] = 5{,}2 \cdot 10^{-3} M_W^{0{,}76}$ $\quad M_W \geqq 35000$

$[\eta] = 19{,}5 \cdot 10^{-2} M_W^{0{,}41}$ $\quad M_W \leqq 35000$

—— $[\eta] = 0{,}08\, M_W^{0{,}5} + 0{,}94 \cdot 10^{-4} M_W$.

II. Polyäthlenglykol in Wasser, 30° C; ● ⊙ F. E. Bailey u. a. (*154*), ○ G. Müh (*155*)

—— $[\eta] = 0{,}14\, M_W^{0{,}5} + 5{,}53 \cdot 10^{-4} M_W$

[2] Wir geben $[\eta]$ stets in der Dimension $[cm^3 \cdot g^{-1}]$ an.

einen sehr großen Molekulargewichtsbereich nicht konstant. Wie MEYERHOFF (*149*) zeigte, wächst bei Polystyrol in Benzol a mit steigendem Molekulargewicht, um erst bei $M > 10^4$ einen konstanten Wert von 0.72 anzunehmen. Ein ähnlicher Kurvenverlauf ergibt sich auch bei zahlreichen anderen Systemen (*150*).

Verschiedentlich ist es möglich, die Viskositätszahl durch zwei Geraden gemäß Gl. (VI.1) mit einem bestimmten Gültigkeitsbereich darzustellen. Die gestrichelten Kurven der Abb. VI.1 zeigen das für die Systeme Polymethylmethacrylat/Benzol nach Messungen von COHN-GINSBERG, FOX u. MASON (*153*) (I) und Polyäthylenglykol/Wasser nach BAILEY (*154*) und MÜH (*155*) (II). ROSSI und BIANCHI (*156–160*) sowie OKADA u. a. (*161*) stellten fest, daß bei niedermolekularem Polystyrol unabhängig von der Güte des Lösungsmittels a einen Wert von etwa 0,5 annimmt.

Um zu einer allgemeingültigen Viskositätsgleichung zu gelangen, sind in den letzten Jahren verschiedene theoretische Ansätze gemacht worden. Am erfolgreichsten sind die, die von der Gleichung von FLORY und FOX (*135, 162–164*) ausgehen. Hierbei wird das Makromolekül als hydrodynamisch äquivalente, undurchspülbare Kugel angesehen und deren Radius durch den Trägheitsradius bzw. Fadenendenabstand des Polymermoleküls ausgedrückt. Mit Hilfe der sog. Zwei-Parameter-Theorie (*165*) werden häufig die ungestörten Dimensionen dieser Größen und das ausgeschlossene Volumen diskutiert, weshalb wir uns im folgenden Abschnitt mit dieser Theorie kurz beschäftigen.

VI.1.2.2. Theoretische Behandlung nach der Zwei-Parameter-Theorie

Bei dem Segmentmodell, das im Gebiet der Hochpolymeren meist benutzt wird, ersetzt man das Makromolekül durch Segmente. Ein einzelnes Segment ist aus mehreren Grundmolekülen aufgebaut. Nach diesem Modell gehorcht ein ungestörtes Kettenmolekül der Irrflugstatistik.

Mit Hilfe statistischer Ansätze kann der mittlere quadratische Fadenendenabstand $\langle h^2\rangle$ und der mittlere quadratische Trägheitsradius $\langle r^2\rangle$ eines isolierten realen linearen Makromoleküls aus n Segmenten der Länge b_s berechnet werden. Es ergibt sich

$$\langle h^2\rangle = \langle h^2\rangle_0 \alpha_h^2 \tag{VI.2}$$

und

$$\langle r^2\rangle = \langle r^2\rangle_0 \alpha_r^2 = \frac{1}{6}\langle h^2\rangle_0 \alpha_r^2 = \frac{n b_s^2}{6}\alpha_r^2 . \tag{VI.3}$$

Hierin sind $\langle h^2\rangle_0$ und $\langle r^2\rangle_0$ der mittlere quadratische Fadenendenabstand bzw. Trägheitsradius eines ungestörten Kettenmoleküls und α_h bzw. α_r der Expansionskoeffizient nach FLORY (*134, 135*).

Da der Unterschied zwischen α_h und α_r sehr klein ist (*96*), setzen wir $\alpha_h = \alpha_r = \alpha$. Der Expansionskoeffizient α ist eine Funktion der Größe z^* (*166*)

$$z^* \equiv \left(\frac{3}{2\pi}\right)^{1,5} \beta b_s^{-3} n^{0,5}\,. \qquad \text{(VI.4)}^3$$

Hierin ist β das effektive ausgeschlossene Volumen eines Segments

$$\beta = 4\pi \int_0^\infty (1 - e^{-\varphi(x)/kT})\, x^2\, dx \qquad \text{(VI.5)}$$

β ist durch die Paar-Potentialfunktion $\varphi(x)$ der Durchschnittskraft zweier Segmente im Abstand x voneinander bei unendlicher Verdünnung darstellbar und ist bei einer bestimmten Temperatur oder bei einem besonderen Zustand des Lösungsmittels [nach FLORY (*162*) Thetatemperatur oder Thetalösungsmittel] Null.

Gilt das Superpositionsprinzip (*167, 168*), d. h. können zur Berechnung des Gesamtpotentials die Paarpotentialfunktionen der Durchschnittskraft addiert werden, ist ferner $\beta \ll \langle h^2 \rangle^{1,5}$ und $n \gg 1$, dann lassen sich die mittleren Moleküldimensionen durch die oben eingeführten drei Parameter n, b_s und β ausdrücken. STOCKMAYER (*165*) machte darauf aufmerksam, daß diese drei Größen unabhängig von der Segmentzahl bzw. -größe nur kombiniert als βn^2 und $n b_s^2$ vorkommen.

Nach der Zwei-Parameter-Theorie werden die Wechselwirkungen im Nah- bzw. Fernbereich durch

$$A^* \equiv \frac{b_s}{M_s^{0,5}} \qquad \text{(VI.6)}^4$$

bzw.

$$B^* \equiv \frac{\beta}{M_s^2} \qquad \text{(VI.7)}^4$$

ausgedrückt, wobei $M_s = M/n$ das Molekulargewicht eines Segments ist. Mit A^* und B^* folgt für Gl. (VI.4)

$$z^* \equiv \left(\frac{3}{2\pi}\right)^{1,5} B^* A^{*-3} M^{0,5}. \qquad \text{(VI.8)}$$

Es existieren verschiedene Ansätze, um durch Näherung geschlossene Ausdrücke für den Expansionskoeffizienten und somit für das ausgeschlossene Volumen zu erhalten. Die erste Gleichung stammt von FLORY (*169, 170*)

$$\alpha^5 - \alpha^3 = 2{,}60\, z^* \quad (\text{FLORY}) \qquad \text{(VI.9)}$$

[3] Um die Funktion z von der Koordinationszahl z zu unterscheiden, haben wir sie mit einem * versehen.

[4] Es ist gebräuchlich, die Wechselwirkungen im Nah- bzw. Fernbereich mit den Buchstaben A und B zu bezeichnen. Um sie deutlich von den osmotischen Virialkoeffizienten zu unterscheiden, haben wir sie mit einem * versehen.

und später kamen von PTITSYN (*171*), JAMES (*172*), KURATA, STOCKMAYER u. ROIG (*173*), FIXMAN (*174*), FORSMAN u. HUGHES (*175*), KURATA (*176*) und FUJITA (*177*) noch weitere hinzu

$$\alpha^3 - \alpha = 1{,}96\left(1 + \frac{1}{3\alpha^2}\right)^{-1{,}5} z^* \quad \text{(KURATA, STOCKMAYER u. ROIG)} \qquad \text{(VI. 10)}$$

$$\alpha^3 = 1 + 1{,}914\, z^* \qquad \text{(FIXMAN)} \qquad \text{(VI. 11)}$$

Nach allen Gleichungen außer der von JAMES ist in guten Lösungsmitteln α^3 oder α^5 von der Quadratwurzel des Molekulargewichts abhängig. Es ist üblich, die Gleichung (VI. 9) von FLORY als ,,Gesetz fünfter Potenz" (fifth-power-law) und die Gl. (VI. 10) und (VI. 11) als ,,Gesetz dritter Potenz" (third-power-law) zu bezeichnen. Wie KURATA u. STOCKMAYER (*96, 173*) und PTITSYN (*171*) zeigten, stimmen die Gesetze dritter Potenz besser mit den experimentellen Ergebnissen und auch mit Berechnungen, wie sie von WALL u. ERPENBECK (*113*) in einem Diamantgitter nach der Monte-Carlo-Methode angestellt wurden, als das Gesetz fünfter Potenz von FLORY überein. Daher verwenden wir für unsere weiteren Berechnungen die algebraisch einfachste Gl. (VI. 11), die sich in ihren numerischen Werten nur geringfügig von Gl. (VI. 10) unterscheidet.

FLORY u. FOX (*135*) gehen bei der Behandlung der Viskosität von einem ungestörten Molekülknäuel ($a = 0{,}5$) aus, und drücken den Einfluß des ausgeschlossenen Volumens mit Hilfe des Expansionskoeffizienten α aus

$$[\eta] = K_\eta\, M^{0{,}5}\, \alpha^3 \qquad \text{(VI. 12)}$$

wobei

$$K_\eta = \Phi A^{*3} \qquad \text{(VI. 13)}$$

ist. Nach FLORY sollte die Größe Φ für flexible Polymere eine universelle Konstante unabhängig vom chemischen Aufbau des Makromoleküls und des Lösungsmittels sein. Jedoch konnte sowohl theoretisch (*178—181*) als auch experimentell (*96, 182, 183*) nachgewiesen werden, daß Φ keine universelle Konstante ist. KURATA u. YAMAKAWA (*178*) sowie PTITSYN u. EISNER (*179*) wiesen nach, daß die Annahme $\alpha = \alpha_\eta$, wenn

$$\alpha_\eta^3 = \frac{[\eta]}{[\eta]_\theta} \qquad \text{(VI. 14)}$$

ist, eine zu grobe Näherung darstellt, weil sich bei einer Änderung der Güte des Lösungsmittels der hydrodynamische Radius eines Kettenmoleküls weniger schnell als der statistische Radius ändert, d. h. $\alpha_\eta \leqq \alpha$ ist. $[\eta]_\theta$ ist die Grenzviskositätszahl bei der Thetatemperatur.

Nach der Theorie von KURATA u. YAMAKAWA (*178, 184*) gilt für Φ als Funktion der Durchspülung x (draining effect) (*185, 186*) und des ausgeschlossenen Volumens z^*

$$\begin{aligned}\Phi(x,z^*) &= \left(\frac{\pi}{6}\right)^{1,5} N_L\,[x F_0(x)] \left(\frac{\alpha_\eta}{\alpha}\right)^3 \\ &= \left(\frac{\pi}{6}\right)^{1,5} N_L\,[x F_0(x)] \left(\frac{1+1{,}55\,z^*}{1+1{,}914\,z^*}\right).\end{aligned} \qquad \text{(VI. 15)}$$

Für hinreichend große x-Werte, d. h. für den asymptotischen Fall eines undurchspülbaren Knäuels nimmt Gl. (VI. 15) die folgende Form an

$$\Phi(\infty, z^*) = 2{,}87 \cdot 10^{23} \left(\frac{1+1{,}55\,z^*}{1+1{,}914\,z^*}\right). \qquad \text{(VI. 16)}$$

Im Grenzfall $z^* = 0$, d. h. am Thetapunkt folgt

$$\Phi(\infty, 0) \equiv \Phi_0 = 2{,}87 \cdot 10^{23} \qquad \text{(VI. 17)}$$

und für genügend große z^*-Werte, d. h. in einem guten Lösungsmittel ergibt sich

$$\Phi(\infty, \infty) \equiv \Phi_\infty = 2{,}32 \cdot 10^{23}. \qquad \text{(VI. 18)}$$

Φ_0 entspricht dem ursprünglich von FLORY u. FOX angegebenen Wert. Unter Verwendung der Gl. (VI.11) und der Konstanten Φ_∞ erhält YAMAKAWA (*187*) schließlich durch Einsetzen in Gl. (VI.12) für die Grenzviskosität eines undurchspülbaren, flexiblen Kettenpolymeren in einem hinreichend guten Lösungsmittel

$$[\eta] = \Phi_\infty A^{*3} M^{0,5} + 0{,}631\,\Phi_\infty B^* M. \qquad \text{(VI. 19)}$$

Eine ähnliche Viskositätsgleichung wurde von BURCHARD (*188*) und STOCKMAYER u. FIXMAN (*189*) angegeben.

Die ausgezogenen Kurven der Abb. VI.1 beschreiben den Funktionsverlauf nach Gl. (VI.19) und zeigen, daß diese Gleichung die Meßwerte in einem wesentlich größeren Molekulargewichtsbereich als Gl. (VI.1) befriedigend darstellt. Mit Hilfe der Stockmayer-Fixman-Auftragung ($[\eta]\,M^{-0,5}$ gegen $M^{0,5}$) kann man aus dem Ordinatenabschnitt bzw. der Steigung die Parameter A^* und B^* bestimmen. KURATA u. STOCKMAYER (*96*) verwendeten ursprünglich Gl. (VI.10) zur Ableitung ihrer Viskositätsgleichung, wodurch die Bestimmung dieser Parameter jedoch viel komplizierter wurde. Abb. VI.2 zeigt die Stockmayer-Fixman-Auftragung für das System Polystyrol/Benzol bei 20° C nach Messungen von MEYERHOFF (*149*). Auch hier ist Gl. (VI.19) bis zu niedermolekularen Polymeren erfüllt.

Bei niedermolekularen Polymeren sollte nach Gl. (VI.19) die Viskositätszahl von $M^{0,5}$ und bei makromolekularen Polymeren von $M^{1,0}$ abhängen. Dies trifft jedoch nicht für alle Polymer-Lösungsmittelsysteme zu. Bei Oligomeren Cellulosenitraten in Aceton (*190*) zum Beispiel ist die

Viskositätszahl proportional $M^{1,0}$ und bei makromolekularen Cellulosenitraten $M^{0,76}$. Die Viskositätszahl der von Kern et al. (*191*) hergestellten *p*-Oligophenylene ist in Toluol proportional $M^{1,0}$. Bei Oligocarbonaten (*11*), deren Ketten steifer als die substituierter Paraffinketten sind, ist die Viskositätszahl in Methylenchlorid bzw. Dioxan proportional $M^{0,82}$ bzw. $M^{0,67}$. Dieses Verhalten führte zu den bekannten Theorien von Kirkwood u. Riseman (*185*) und Debye u. Bueche (*186*) für ein teilweise durchspültes Knäuel. Hiernach sollte im niedermolekularen Bereich $[\eta]$ proportional M sein und erst bei hohen Molekulargewichten mit der Quadratwurzel aus M ansteigen.

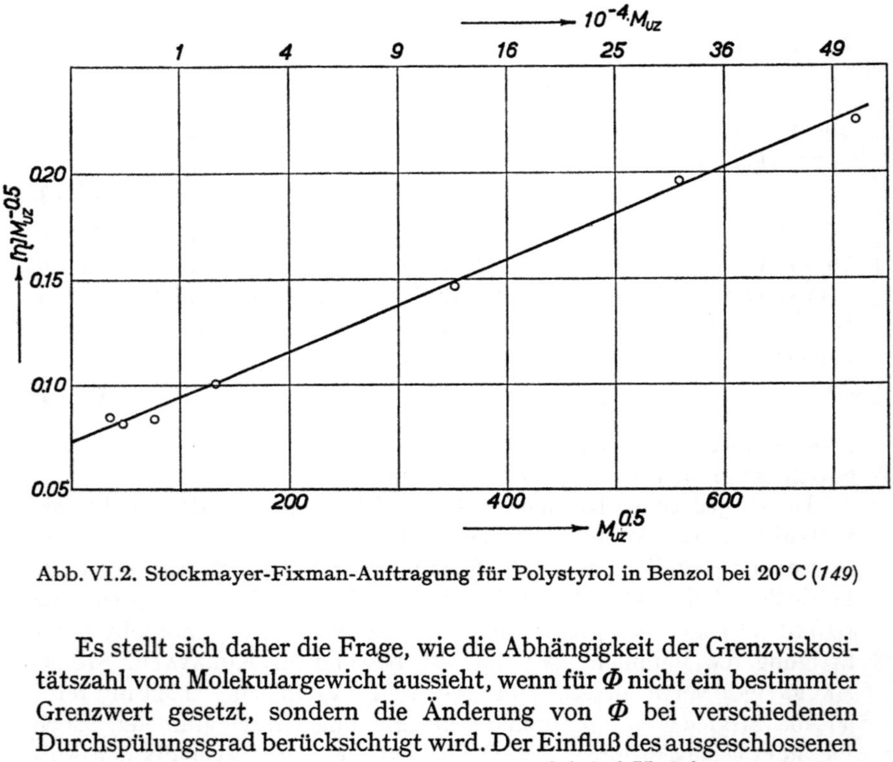

Abb. VI.2. Stockmayer-Fixman-Auftragung für Polystyrol in Benzol bei 20° C (*149*)

Es stellt sich daher die Frage, wie die Abhängigkeit der Grenzviskositätszahl vom Molekulargewicht aussieht, wenn für Φ nicht ein bestimmter Grenzwert gesetzt, sondern die Änderung von Φ bei verschiedenem Durchspülungsgrad berücksichtigt wird. Der Einfluß des ausgeschlossenen Volumens auf Φ ist gering, denn der Faktor $\left(\frac{1 + 1{,}55\, z^*}{1 + 1{,}914\, z^*}\right)$ in Gl. (VI.15) schwankt nur zwischen 1 und 0.81, wovon man sich leicht überzeugen kann, wenn man für z^* die beiden Grenzwerte 0 und ∞ einsetzt. Demgegenüber steigt nach den Berechnungen von Kirkwood u. Riseman (*185*) und von Kurata u. Yamakawa (*178*) der Faktor $[xF_0(x)]$ von 0 im Falle eines frei durchspülbaren Knäuels ($x = 0$) bis 1,26 bzw. 1,59 für ein undurchspülbares Knäuel ($x = \infty$).

Betrachten wir daher Φ nur als Funktion von x, dann erhalten wir aus der allgemeingültigen Beziehung für die Grenzviskositätszahl

$$[\eta] = \left(\frac{\pi}{6}\right)^{1,5} N_L \left(\frac{\alpha_\eta}{\alpha}\right)^3 [x F_0(x)]\, M^{0,5} (A^{*3} + 0{,}631\, B^* M^{0,5}) \quad \text{(VI.20)}$$

und durch Differentiation für den Exponenten a in Gl. (VI.1)

$$a = \frac{d\, lg\, [\eta]}{d\, lg\, M} = \nu(x) + \gamma \quad \text{(VI.21)}$$

mit

$$\nu(x) = \frac{d\, lg\, [x F_0(x)]}{d\, lg\, M} \quad \text{(VI.22)}$$

$$x = \left(\frac{3}{2\pi}\right)^{0,5} \frac{d_s}{b_s\, M_s^{0,5}} M^{0,5} \quad \text{(VI.23)}$$

und

$$\gamma = \frac{1}{2}\left(1 + \frac{0{,}631\, B^* M^{0,5}}{A^{*3} + 0{,}631\, B^* M^{0,5}}\right). \quad \text{(VI.24)}$$

Berechnen wir am Beispiel des Polystyrols in Cyclohexan und Toluol mit den Angaben von KURATA et al. (*178*) und YAMAKAWA (*187*)

$$b_s = 7{,}5\ [\text{Å}]\,,\quad d_s = 2{,}3\ [\text{Å}]\,,\quad M_s = 104\ [\text{g mol}^{-1}]$$

$$A^* = 0{,}74 \cdot 10^{-8}\,[\text{cm g}^{-0,5}\,\text{mol}^{0,5}]\,,\quad B^* = 1{,}12 \cdot 10^{-27}\,[\text{cm}^3\,\text{g}^{-2}\,\text{mol}^2]$$

und den tabellierten Werten für $\nu(x)$ und x den Exponenten a mit steigendem Molekulargewicht, dann resultiert ein Kurvenverlauf, wie er in Abb. VI.3 dargestellt ist, in der gleichzeitig die Molekulargewichtsabhängigkeiten von $\nu(x)$ und γ mit eingezeichnet sind. Noch deutlicher

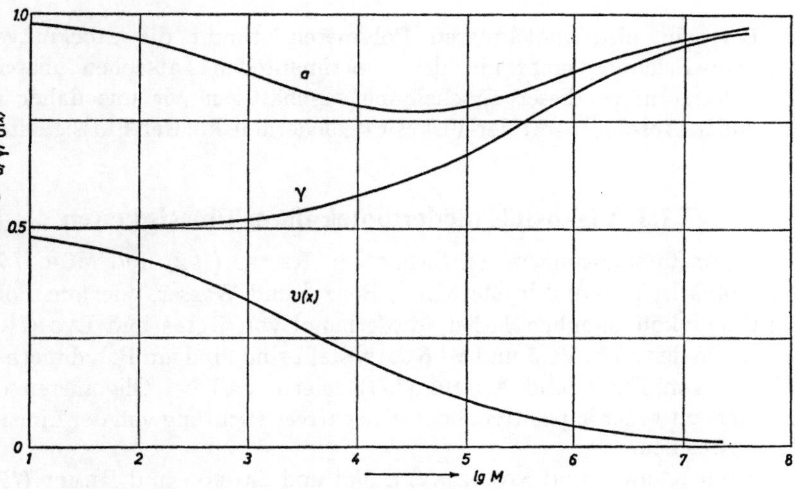

Abb. VI.3. Molekulargewichtsabhängigkeit von a, γ und ν (x)

zeigt Abb. VI.4 den Einfluß des Durchspülungseffektes. Danach sollten drei Bereiche auftreten

$a \sim 1$ bei sehr kleinem M
$0{,}5 < a < 1$ bei mittelgroßem M
$a \sim 1$ bei großem M .

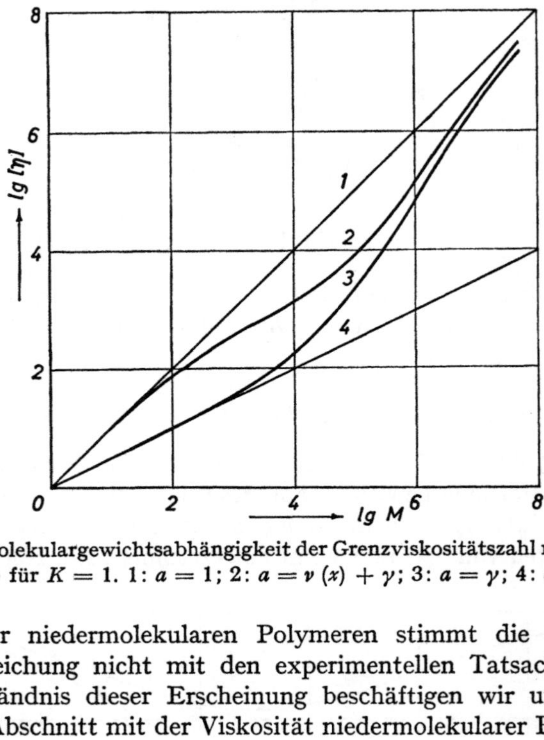

Abb. VI.4. Molekulargewichtsabhängigkeit der Grenzviskositätszahl nach Gleichung (VI.1) für $K = 1$. 1: $a = 1$; 2: $a = \nu(x) + \gamma$; 3: $a = \gamma$; 4: $a = 0{,}5$

Bei sehr niedermolekularen Polymeren stimmt die Stockmayer-Fixman-Gleichung nicht mit den experimentellen Tatsachen überein. Zum Verständnis dieser Erscheinung beschäftigen wir uns daher im folgenden Abschnitt mit der Viskosität niedermolekularer Flüssigkeiten.

VI.1.3. Viskosität niedermolekularer Flüssigkeiten

Viskositätsmessungen von SADRON u. REMPP (*192*) und MÜH (*155*) am Polyäthylenglykol in Methanol, Benzol und Wasser, oder am Polyäthylenglykolmonophenyläther in Methanol von ELIAS und LYS (*193*), wie sie in den Abb. VI.5 und VI.6 dargestellt sind, und am Polydimethylsiloxan von ELIAS und ADANK (*194*) zeigen, daß bei Oligomeren die Kurven entweder in positiver oder in negativer Richtung von der Linearität abweichen.

Nach KURATA und STOCKMAYER (*96*) und SADRON und REMPP (*192*) verursachen die Endgruppen der Oligomeren diese Abweichungen. Um dem Endgruppeneinfluß Rechnung zu tragen, erweiterten SADRON und REMPP (*192*) Gl. (VI.1) durch Einführung einer Konstanten D

$$[\eta] = D + KM^a\,. \tag{VI.25}$$

Ein analoger Ansatz wäre auch mit Gl. (VI.19) möglich. Wir versuchen, eine Deutung dieser Konstanten aus dem Viskositätsverhalten niedermolekularer Flüssigkeitsgemische nach der Methode von KURATA und STOCKMAYER (*96*) zu geben.

Von STUART (*195*) und von TAMURA und KURATA (*196*) wurden durch sinngemäße Anwendung der kinetischen Theorie für Flüssigkeiten

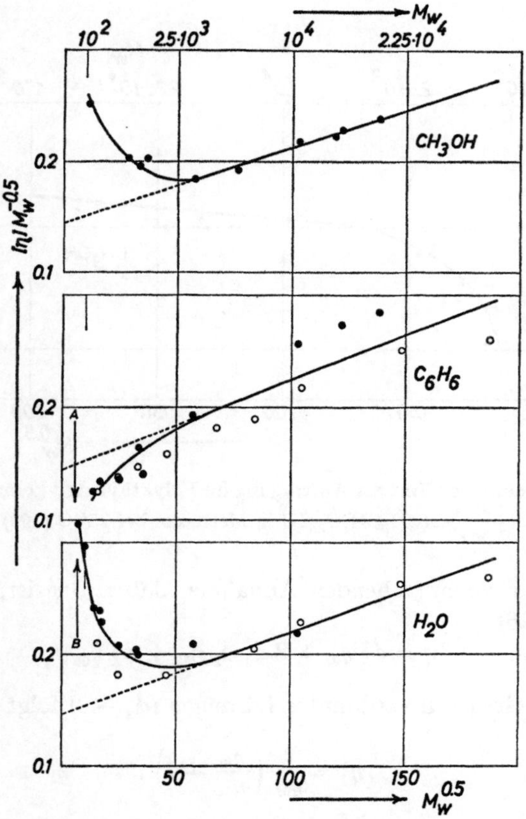

Abb. VI.5. Stockmayer-Fixman-Auftragung für Polyäthylenglykol $\{HO(CH_2CH_2O)_nH\}$ in Methanol, Benzol und Wasser. ● C. SADRON u. a. (*192*), 20° C; ○ G. MÜH (*155*), 30° C; ↑ Die Pfeile geben die Richtung der berechneten Werte (Tabelle VI.1) der Systeme

	(1)		(2)
A:	C_6H_6	—	CH_3OH
B:	H_2O	—	C_2H_5OH

an.

Viskositätstheorien aufgestellt. Die Viskosität η einer Mischung der Flüssigkeit 1 (Lösungsmittel) und der Flüssigkeit 2 (gelöster Stoff) drückt die halbempirische Gleichung von TAMURA und KURATA aus

$$\eta = x_1 \phi_1 \eta_{01} + 2 (x_1 x_2 \phi_1 \phi_2)^{0,5} \eta_{12} + x_2 \phi_2 \eta_{02} . \qquad \text{(VI.26)}$$

Hierin ist x der Molen- und ϕ der Volumenbruch. Die Größe η_{12} wurde erstmals von DOLEZALEK (*197*) und VAN VIJK (*198*) als Wechselwirkungsviskosität (mutual viscosity) zwischen den Komponeten 1 und 2 eingeführt. Kürzlich leiteten BEARMAN und JONES (*199*) auf der Grundlage der statistischen Mechanik eine der Gl. (VI.26) analoge Beziehung ab.

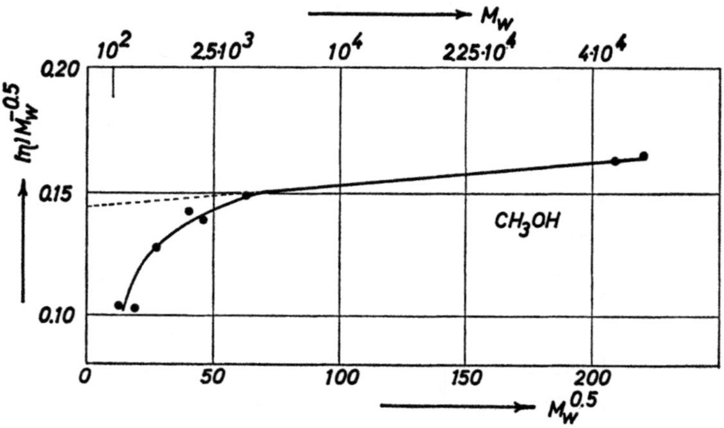

Abb. VI.6. Stockmayer-Fixman-Auftragung für Polyäthylenglykolmonophenyläther $\{C_6H_5O(CH_2CH_2O)_nH\}$ in Methanol bei 25° C (*193*)

Unter der vereinfachenden Annahme, daß $x = \phi$ ist, erhalten wir aus Gl. (VI.26)

$$\eta = \phi_1^2 \eta_{01} + 2 \phi_1 \phi_2 \eta_{12} + \phi_2^2 \eta_{02} \qquad \text{(VI.27)}$$

und für den Grenzfall verdünnter Lösungen ($\phi_2 \to 0$) folgt daraus

$$[\eta] = \frac{2}{\varrho_{02}} \left(\frac{\eta_{12}}{\eta_{01}} - 1 \right) . \qquad \text{(VI.28)}$$

ϱ_{02} ist die Dichte der Komponente 2. Die Viskosität einer binären Mischung kann Werte innerhalb der Viskositätswerte der beiden Komponenten (Linearität) oder größere (Kurve mit Maximum) und kleinere (Kurve mit Minimum) annehmen. In Abb. VI.7 sind diese 3 Typen von Mischungskurven nach TAMURA und KURATA (*196*) dargestellt. Da der Einfluß der Wechselwirkungsviskosität auf diesen Kurvenverlauf nicht direkt erkennbar ist, definieren wir einen neuen Wechselwirkungsparameter

$$W_\eta = \eta_{12} - \frac{\eta_{01} + \eta_{02}}{2} . \qquad \text{(VI.29)}$$

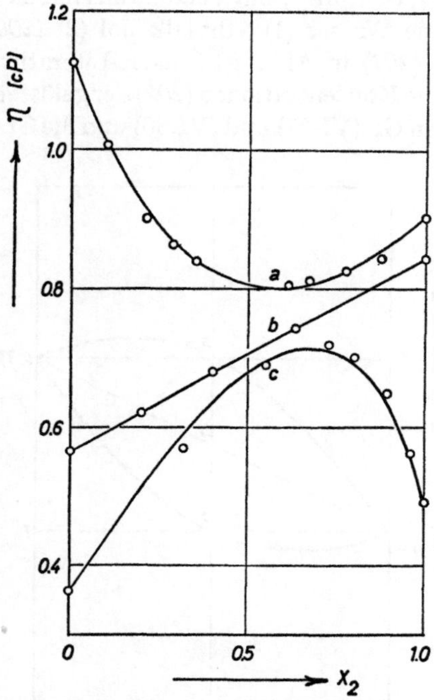

Abb. VI.7. Viskosität der Mischungen als Funktion des Molenbruches x_2.

	(1)		(2)	
a:	CCl_4	—	CH_3COOH	(25° C)
b:	CCl_4	—	C_6H_6	(30° C)
c:	H_2O	—	CH_3OH	(60° C)

Führen wir diesen in Gl. (VI.27) ein, so folgt für die Viskosität der Mischung

$$\eta = \phi_1 \eta_{01} + \phi_2 \eta_{02} + 2\phi_1 \phi_2 W_\eta . \qquad \text{(VI.30)}$$

Diese Gleichung hat gegenüber Gl. (VI.27) den Vorteil, daß der Einfluß des Wechselwirkungsparameters W_η in den Mischungskurven deutlich zum Ausdruck kommt. In Abb. VI.8 ist das vereinfacht dargestellt. Für den Grenzwert verdünnter Lösungen ergibt sich der leicht zu berechnende Ausdruck

$$[\eta] = \frac{1}{\varrho_{02}} \left(\frac{\eta_{02} + 2 W_\eta}{\eta_{01}} - 1 \right) . \qquad \text{(VI.31)}$$

Ein großer Vorzug der Gl. (VI.28) und (VI.31) gegenüber der herkömmlichen Theorie besteht darin, daß für reine Flüssigkeiten $[\eta] = 0$ wird. Wie Abb. VI.5 zeigt, ergeben sich im System Polyäthylenglykol/Wasser Abweichungen in positiver Richtung und im System Polyäthylenglykol/Benzol in negativer Richtung. Zum Verständnis haben wir die Mischungskurven der Systeme Wasser (1)/Äthylalkohol (2) (*200*) und Benzol (1)/Methylalkohol (2) (*201*) in Abb. VI.9 nach Literaturwerten dargestellt und daraus für kleine Konzentrationen (*202*) der gelösten Komponenten (2) η_{12} und W_η nach den Gl. (VI.27) und (VI.30) und die Grenzviskositätszahl,

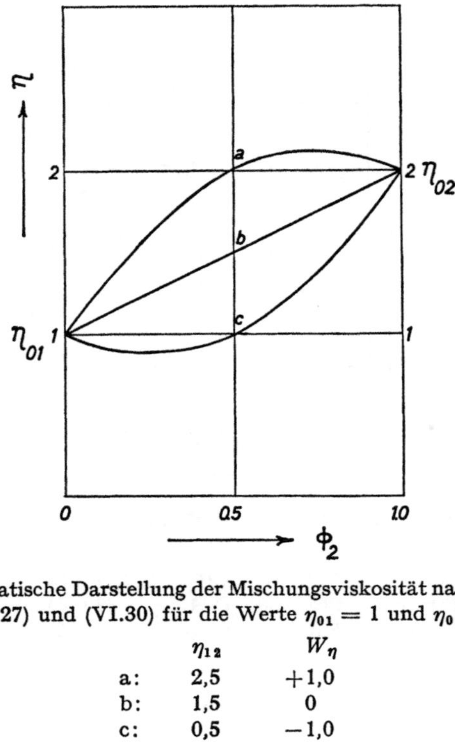

Abb. VI.8. Schematische Darstellung der Mischungsviskosität nach den Gleichungen (VI.27) und (VI.30) für die Werte $\eta_{01} = 1$ und $\eta_{02} = 2$.

	η_{12}	W_η
a:	2,5	+1,0
b:	1,5	0
c:	0,5	−1,0

Tabelle VI.1. *Viskosität der Mischung* (*200, 201*)

System		ϱ_{02}	η [cp]			W_η	$[\eta]$	
(1)	(2)	[g cm^{-3}]	η_{01}	η_{02}	η_{12}	[cp]	[cm^3 g^{-1}]	$[\eta] M^{-0,5}$
H_2O	$-C_2H_5OH$	0,785	0,895	1,10	3,10	+2,1	+6,3	+0,93
C_6H_6	$-CH_3OH$	0,792	0,646	0,578	0,612	0	—0,08	—0,01

sowie $[\eta]\ M^{-0,5}$ berechnet. Die Ergebnisse sind in Tab. VI.1 zusammengestellt. Bei den entsprechenden Systemen in Abb. VI.5 haben wir durch Pfeile die Richtung der berechneten $[\eta]\ M^{-0,5}$-Werte (Tab. VI.1) angedeutet und stellen fest, daß sie mit dem experimentellen Befund übereinstimmt.

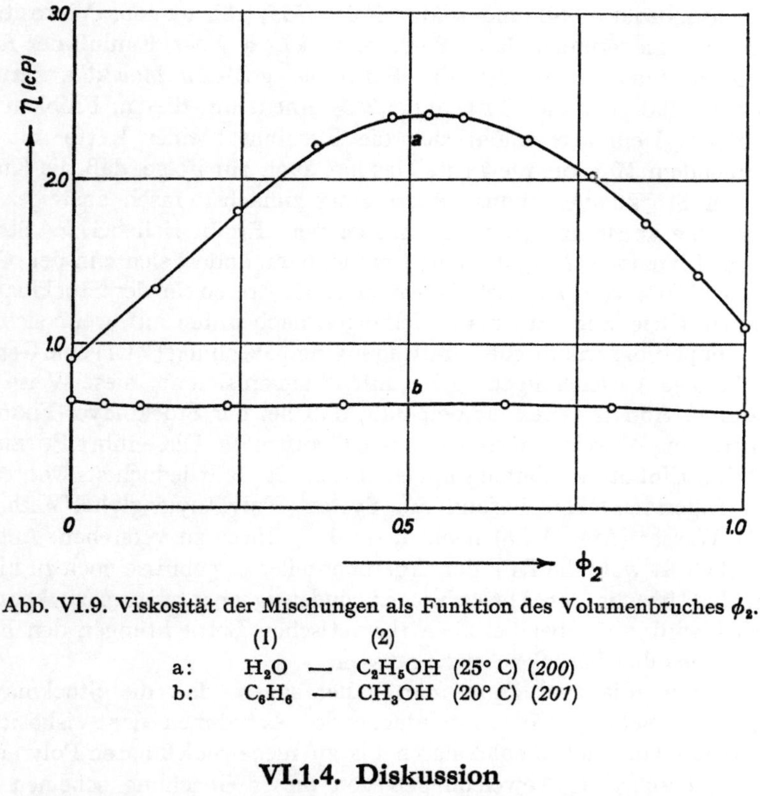

Abb. VI.9. Viskosität der Mischungen als Funktion des Volumenbruches ϕ_2.

	(1)		(2)
a:	H_2O	—	C_2H_5OH (25° C) (*200*)
b:	C_6H_6	—	CH_3OH (20° C) (*201*)

VI.1.4. Diskussion

Unabhängig von den Endgruppen und Lösungsmitteln ergibt die lineare Extrapolation der Viskositätskurven des Polyäthylenglykols (Abb. VI.5 und VI.6) einen Ordinatenabschnitt von 0,14, was bedeutet, daß der Parameter A^* unabhängig vom Lösungsmittel und den Endgruppen der Oligomeren ist. Die Abweichungen in positiver Richtung, bei den Systemen Polyäthylenglykol/Wasser bzw. Polyäthylenglykol/Methanol, wären durch Wechselwirkungen zwischen den OH-Endgruppen der Oligomeren und den Lösungsmittelmolekülen, etwa durch Ausbildung von Wasserstoffbrücken, die zu einer Ausdehnung der gelösten Moleküle führen, denkbar. Besteht keine Affinität zwischen den Endgruppen und dem Lösungsmittel, wie in den Systemen Polyäthylenglykol/Benzol und Polyäthylenglykolmonophenyläther/Methanol, so wird sich das gelöste Molekül stärker verknäueln, womit sich die negative Abweichung von Gl. (VI.19) erklärt. Bemerkenswert scheint uns zu sein, daß die Abweichungen von der Stockmayer-Fixman-Gleichung immer unabhängig von den Endgruppen und der Natur der Lösungsmittel bei einem Molekulargewicht von etwa 3000 auftreten.

Meyerhoff (*149*) und später Müh (*155*) führten das Viskositätsverhalten niedermolekularer Polymerer nicht auf den Einfluß der Endgruppen, sondern auf den der Form der gelösten Moleküle zurück. Kürzlich hat sich auch Peterlin (*203*) erneut mit diesem Problem beschäftigt. Demnach erhöht sich die Flexibilität einer Kette mit zunehmendem Molekulargewicht. Das hat auch zur Folge, daß die Kurve bei der Stockmayer-Fixman-Auftragung zunächst rasch ansteigt, um dann eine konstante Steigung anzunehmen. Ergibt sich bei der Stockmayer-Fixman-Auftragung eine Gerade, dann ändert sich a in der Gleichung (VI.1) von 0,5 nach 1. Andererseits treten in der Stockmayer-Fixman-Gleichung immer Abweichungen nach unten auf, wenn sich bei der doppeltlogarithmischen Auftragung der Gleichung (VI.1) eine Gerade ergibt. Die Abweichungen nach „unten" lassen sich auf diese Weise gut erklären. Anders ist es für den Fall, daß bei der Stockmayer-Fixman-Auftragung Abweichungen nach „oben" auftreten. Diese führt Peterlin auf den Einfluß der Seitengruppen zurück. Es fällt jedoch schwer, etwa den experimentellen Befund am System Polyäthylenglykol/Methanol oder Wasser (Abb. VI.5) nach dieser Hypothese zu verstehen. Augenblicklich ist wohl die Zahl der experimentellen Ergebnisse noch zu klein, um die Ursache der Abweichungen eindeutig beantworten zu können. Sicher wird man aber bei allen theoretischen Betrachtungen den Endgruppeneinfluß berücksichtigen müssen.

Zusammenfassend kann man daher sagen, daß die Stockmayer-Fixman-Gleichung trotz vereinfachender Annahmen das Viskositätsverhalten von makromolekularen bis zu niedermolekularen Polymeren richtig beschreibt. Abweichungen von dieser Gleichung scheinen auf einen Einfluß der Endgruppen zurückzuführen zu sein.

VI.2. Diffusion

Zwischen dem linearen Diffusionskoeffizienten D_0 und der Reibungskonstanten f_0 besteht in unendlicher Verdünnung (Index Null) die einfache Beziehung (*204, 205*)

$$D_0 = \frac{kT}{f_0} \qquad \text{(VI.32)}$$

wenn k die Boltzmannsche Konstante ist. Nach Mandelkern und Flory (*206*) ergibt sich die Reibungskonstante f_0 des Polymeren in Lösung zu

$$f_0 = \Xi\, A^*\, \eta_{01}\, M^{0,5}\, \alpha_f \qquad \text{(VI.33)}$$

wenn α_f der Expansionskoeffizient bei der Diffusion ist. Ξ ist dabei eine vom Durchspülungsfaktor x abhängige Größe. Für den Fall eines undurchspülten Knäuels ($x \to \infty$) nimmt Ξ nach den Theorien (*178, 185*) den Wert

$$\lim_{x\to\infty} \Xi = \Xi_\infty = \frac{1}{6^{0,5}} \frac{9\,\pi^{1,5}}{4} = 5{,}11 \tag{VI.34}$$

an. Aus Gl. (VI.32) und (VI.33) ergibt sich die bekannte Gleichung

$$D_0 = K_f M^{-0,5}\,\alpha^{-1} \tag{VI.35}$$

mit

$$K_f = \frac{k\,T}{\Xi_\infty A^* \eta_{01}} \left(\frac{\alpha}{\alpha_f}\right) \approx \frac{k\,T}{\Xi_\infty A^* \eta_{01}}\,. \tag{VI.36}$$

Im Gegensatz zur Viskosität ist die Differenz zwischen α und α_f vernachlässigbar (*96*). Mit der Gleichung von FIXMAN (VI.11) und Gl. (VI.35) erhält man

$$D_0 = K_f\, M^{-0,5} (1 + 1{,}914\, z^*)^{-1/3}\,. \tag{VI.37}$$

Daraus folgt nach Entwicklung bis zu Termen zweiten Grades

$$D_0\, M^{0,5} = K_f (1 - 0{,}638\, z^* + 0{,}814\, z^{*2})\,. \tag{VI.38}$$

Wir haben zu prüfen, bis zu welchen Molekulargewichten es zulässig ist, die Reihe nach dem linearen Glied abzubrechen. Dazu berechneten wir die linearen und quadratischen Glieder mit viskosimetrisch von YAMAKAWA (*187*) bestimmten A^*- und B^*-Werten für Polystyrol in Toluol bei 30° C. Die Ergebnisse sind in Tab. VI.2 zusammengestellt.

Tabelle VI.2. $A^* = 0{,}74 \cdot 10^{-8}\,[cm \cdot g^{-0,5} \cdot mol^{0,5}]$, $B^* = 1{,}12 \cdot 10^{-27}\,[cm^3 \cdot g^{-2} \cdot mol^2]$ (187)
$z^* = 0{,}913 \cdot 10^{-3}\, M^{0,5}$, $z^{*2} = 0{,}834 \cdot 10^{-6}\, M$

M	$0{,}638 \cdot z^*$	$0{,}814 \cdot z^{*2}$
10^2	$5{,}82 \cdot 10^{-3}$	$0{,}0679 \cdot 10^{-3}$
10^3	$1{,}84 \cdot 10^{-2}$	$0{,}0679 \cdot 10^{-2}$
10^4	$5{,}82 \cdot 10^{-2}$	$0{,}679 \cdot 10^{-2}$
10^5	$1{,}84 \cdot 10^{-1}$	$0{,}679 \cdot 10^{-1}$
10^6	$5{,}82 \cdot 10^{-1}$	$6{,}79 \cdot 10^{-1}$

Bei diesem System könnte man demnach bis zu Molekulargewichten von etwa 10^4 die quadratischen Glieder der Reihe vernachlässigen. Dann folgt die Näherungsgleichung

$$D_0\, M^{0,5} = K_f - 0{,}638 \left(\frac{3}{2\pi}\right)^{1,5} K_f\, B^* A^{*-3}\, M^{0,5}\,. \tag{VI.39}$$

Aus dem Ordinatenabschnitt und der Steigung bei der Auftragung $D_0\, M^{0,5}$ gegen $M^{0,5}$ sollten sich also auch die Parameter A^* und B^* berechnen lassen. Wir haben daher die Diffusionskonstanten von Polystyrol in Toluol nach Messungen von Meyerhoff (*149*) gemäß Gl. (VI.39) aufgetragen (Abb. VI.10). Es ist ersichtlich, daß tatsächlich erst oberhalb von Molekulargewichten 10^4 eine Abweichung von der Linearität (gestrichelte Kurve) auftritt. Aus dem Ordinatenabschnitt berechnet

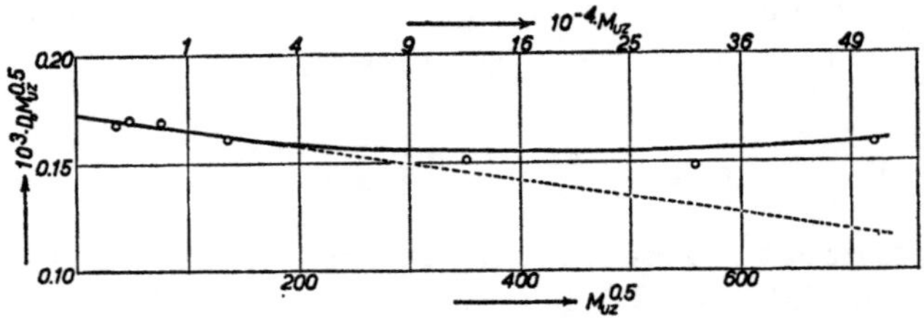

Abb. VI.10. Molekulargewichtsabhängigkeit des linearen Diffusionskoeffizienten nach Gleichung (VI.39) für Polystyrol in Toluol (*149*).

sich A^* zu $0{,}78 \cdot 10^{-8}$ [$cm \cdot g^{-0{,}5} \cdot mol^{0{,}5}$]. Wir haben mit diesem A^*-Wert und dem B^*-Wert von Yamakawa ($1{,}12 \cdot 10^{-27}$ [$cm^3 \cdot g^{-2} \cdot mol^2$]) unter Berücksichtigung der quadratischen Glieder die Kurve nach Gl. (VI.38) berechnet (ausgezogene Kurve) und wie die Abb. VI.10 deutlich zeigt, werden dann auch die Meßwerte für höhere Molekulargewichte befriedigend erfaßt.

Die Abb. VI.11 zeigt Diffusionsmessungen von Rempp (*207*) und Rossi u. Mitarb. (*208*) für das System Polyäthylenglykol/Wasser bei

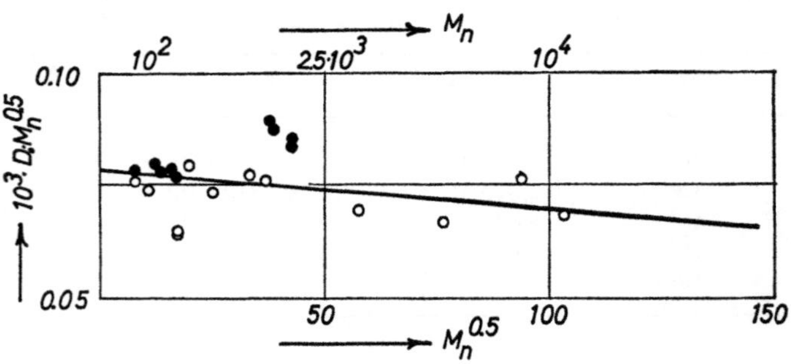

Abb. VI.11. Molekulargewichtsabhängigkeit des linearen Diffusionskoeffizienten nach Gleichung (VI.39) für Polyäthylenglykol in Wasser bei 20° C. ○ P. Rempp (*207*), ● C. Rossi u. a. (*208*)

20° C. Wir haben die aus Diffusionsmessungen berechneten Parameter A^* und B^* mit den aus Viskositätsmessungen erhaltenen Werten in Tab. VI.3 zusammengestellt.

Tabelle VI.3. *Parameter A^* und B^* aus Diffusions- und Viskositätsmessungen*

Methode	$A^* \cdot 10^8$ [$cm \cdot g^{-0,5} \cdot mol^{0,5}$]	$B^* \cdot 10^{24}$ [$cm^3 \cdot g^{-2} \cdot mol^2$]
Viskosität	0,85	5,06
Diffusion	1,01	5,04

Die Übereinstimmung der Werte ist befriedigend. Die verhältnismäßig große Differenz der A^*-Werte kann auf nicht ganz richtige Zahlenwerte für die Konstanten Φ_∞ bzw. Ξ_∞ zurückgeführt oder, wie Rossi u. Mitarb. (*209*) kürzlich andeuteten, durch einen unterschiedlichen Einfluß des Radius bei Viskosität- und Diffusionsproblemen verursacht werden.

VII. Thermodynamische Eigenschaften

VII.1. Allgemeines

In der Darstellung des osmotischen Druckes π als Potenzreihe der Konzentration c

$$\Pi = RT\left(\frac{c}{M} + A_2 c + \cdots\right) \qquad \text{(VII.1)}$$

oder

$$\Pi = \frac{RT}{M} c + Bc^2 + \cdots \qquad \text{(VII.2)}$$

werden die Koefifzienten A_2 bzw. B als zweite osmotische Virialkoeffizienten bezeichnet. R ist die Gaskonstante und T die absolute Temperatur.

Wie wir im vorangegangenen Kapitel sahen, kann ein isoliertes Kettenmolekül in Lösung nach der Zwei-Parameter-Theorie durch die Größen A^* und B^* beschrieben werden. Nach der statistischen Mechanik von Lösungen ist der zweite osmotische Virialkoeffizient eine Folge des ausgeschlossenen Volumens der Segmente zweier verschiedener Moleküle und deren Verteilungsfunktion. Das ausgeschlossene Volumen der Segmente ist von einer Paar-Potentialfunktion der Durchschnittskraft zwischen zwei Segmenten abhängig. Wenn es dabei gleichgültig ist, ob die Segmente zwei verschiedenen Polymermolekülen angehören oder ob es zwei in der Kette nicht benachbarte Segmente desselben Moleküls sind, dann kann auch der zweite osmotische Virialkoeffizient mit Hilfe der Zwei-Parameter-Theorie abgehandelt werden.

Bei der Formulierung der Paar-Potentialfunktion machte man bisher keinen Unterschied zwischen den End- und Mittelsegmenten der Polymermoleküle. Diese Annahme ist für große Moleküle sicher zulässig, aber bei

Oligomeren ist der Einfluß der Endgruppen nicht zu vernachlässigen. Um diesen bei der Behandlung des zweiten osmotischen Virialkoeffizienten zu berücksichtigen, haben wir ihn an Hand eines Gittermodells untersucht (vgl. Kap. V).

VII.2. Der zweite osmotische Virialkoeffizient von makromolekularen Polymeren in Lösung

VII.2.1. Molekulargewichtsabhängigkeit

Die Molekulargewichtsabhängigkeit des zweiten osmotischen Virialkoeffizienten charakterisiert das Verhalten von Polymeren in Lösung und ist daher Gegenstand zahlreicher Theorien. Jedoch existierte bis vor einigen Jahren keine Theorie, die unabhängig von der Art der Lösung (exo- oder endotherm) die Molekulargewichtsabhängigkeit von A_2 zufriedenstellend beschrieb. Nach G. V. Schulz (*210, 211*) sind beispielsweise Lösungen von Polymethylmethacrylat in Dioxan, Aceton und Butylchlorid endotherm und gehorchen einer Gleichung von Ishihara und Koyama (*212, 213*), die mit Hilfe statistischer Ansätze von Zimm (*214*) abgeleitet wurde. Polystyrol in Toluol oder Benzol, ebenso Nitrocellulose in Aceton sind exotherme Lösungen. Sie erfüllen eine von Münster (*215–217*) nach der Gittertheorie abgeleitete Gleichung. Jedoch wird auch das exotherme System Polystyrol/Butanon von der Gleichung von Ishihara und Koyama beschrieben.

Von Sotobayashi und Ueberreiter (*218, 219*) wurde der Versuch unternommen, eine Gleichung aufzustellen, die die Molekulargewichtsabhängigkeit des zweiten osmotischen Virialkoeffizienten auch im Gebiet der niedermolekularen Polymeren richtig darstellt und zugleich unabhängig von der Art der Lösung ist. Diese Eigenschaften besitzt die Gleichung

$$A_2 = \frac{K_a}{M^{0,5}} + K_b \qquad \text{(VII.3)}$$

mit den molekulargewichtsunabhängigen Konstanten K_a und K_b. Eine theoretische Deutung der Konstanten K_a und K_b wurde inzwischen von Kurata u. a. (*184*) gegeben. Die Abb. VII.1, VII.2 und VII.3 demonstrieren die Gültigkeit dieser Gleichung für exo- und enotherme Systeme und in der Umgebung der Thetatemperatur, bei der keine Wechselwirkungen im Fernbereich bestehen und der zweite osmotische Virialkoeffizient Null ist. Die Abb. VII.1 zeigt die Auftragung nach Sotobayashi-Ueberreiter gemäß Gl. (VII.3) für Polystyrol in Benzol, Toluol und Naphthalin. Diese Systeme sind exotherm, und die Meßwerte lassen sich wie ersichtlich über einen großen Molekulargewichtsbereich ($5 \cdot 10^2$–$5 \cdot 10^6$) sehr gut darstellen. In Abb. VII.2 ist die Molekulargewichtsabhängigkeit des zweiten osmotischen Virialkoeffizienten für das endotherme System Polymethylmethacrylat/Aceton aufgetragen. Gl. (VII.3) (Kurve 3) beschreibt wiederum sehr gut die Meßwerte im Molekulargewichtsbereich von $3 \cdot 10^2$–$8 \cdot 10^6$. Auch in der Umgebung der Theta-

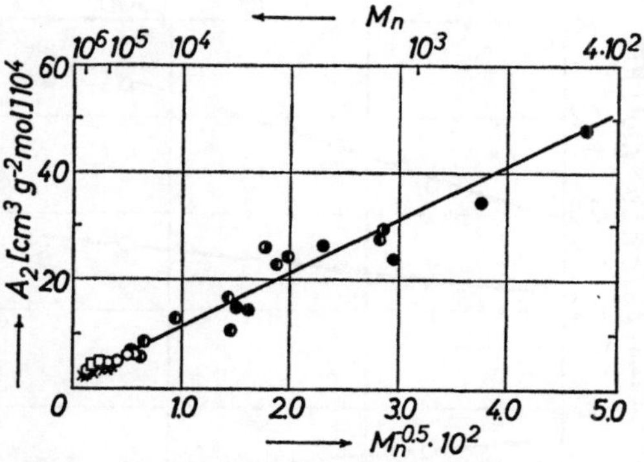

Abb. VII.1. Darstellung nach SOTOBAYASHI-UEBERREITER [Gleichung (VII.3)] für Polystyrol in Benzol, Toluol und Naphthalin (exothermes System). ● eigene Messungen (*220*) (kryoskopisch in Naphthalin), ◑ A. R. KEMP u. a. (*221*) (kryoskopisch in Benzol), ◑ G. V. SCHULZ u. a. (*222*) (kryoskopisch in Benzol), ○ W. R. KRIGBAUM u. a. (*223*) (osmotisch in Toluol), × E. H. BAWN u. a. (*224*) (osmotisch in Toluol), □ G. V. SCHULZ u. a. (*225*) (osmotisch in Toluol)

$$—— \; A_2 = \frac{0,10}{M_n^{0,5}} + 1,7 \cdot 10^{-4}$$

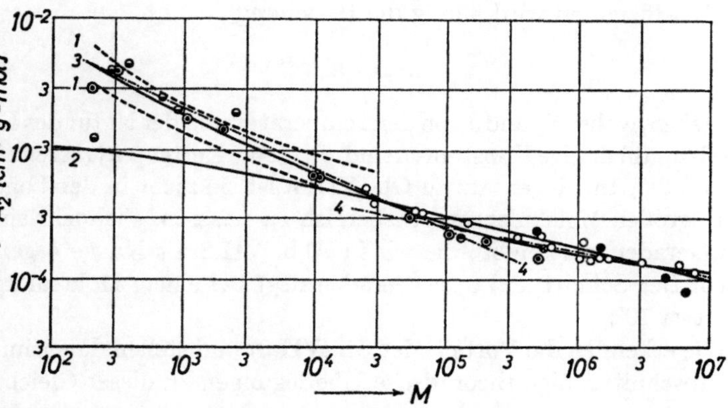

Abb. VII.2. Molekulargewichtsabhängigkeit des zweiten osmotischen Virialkoeffizienten A_2 von Polymethylmethacrylat in Aceton (endothermes System) nach R. G. KIRSTE (*89*). ⊙ R. G. KIRSTE u. a. (*89*) (Röntgenkleinwinkelstreuung), ● H. J. CANTOW u. a. (*226*) (Lichtstreuung), ○ G. V. SCHULZ u. a. (*227*) (Lichtstreuung), ◒ J. SPRINGER u. a. (*234*) (Dampfdruckosmometer). 1. Monte-Carlo-Berechnungen (*89*), 2. Casassa-Gleichung (*89*), 3. $A_2 = \frac{0,06}{M_w^{0,5}} + 0,98 \cdot 10^{-4}$ [Gleichung (VII.3)]; 4. $A_2 = K_c M^{-\delta}$ [Gleichung (VII.4)]

temperatur ist Gl. (VII.3) gültig, wie am System Polystyrol/Cyclohexan in Abb. VII.3 gezeigt wird.

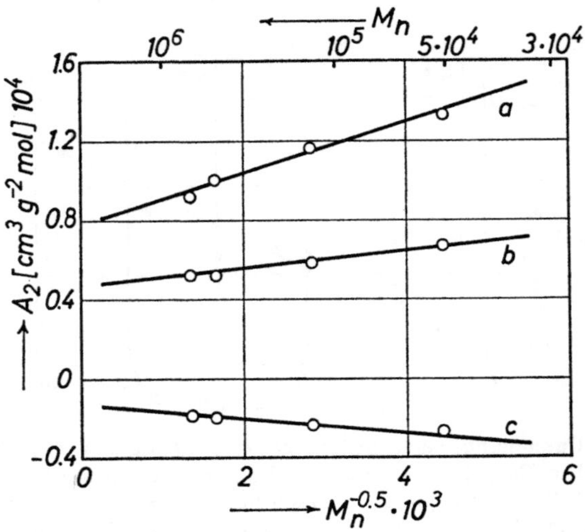

Abb. VII.3. Darstellung nach Sotobayashi-Ueberreiter [Gleichung (VII.3)] für Polystyrol in Cyclohexan nach Krigbaum (*228*). a: 323° K; b: 313° K; c: 303° K

Für die Molekulargewichtsabhängigkeit des zweiten osmotischen Virialkoeffizienten wird häufig die Beziehung

$$A_2 = K_c M^{-\delta} \tag{VII.4}$$

angegeben, wobei K_c und δ von der Temperatur und der Natur des Lösungsmittels unabhängige Konstanten sind. δ liegt bei Kettenpolymeren zwischen 0,1 und 0,3. Im Gegensatz zu Gl. (VII.3) ist sie nicht in der Lage, A_2 in einem großen Molekulargewichtsbereich zu erfassen. Vielmehr sind dazu zwei Geraden notwendig, die wir in Abb. VII.2 als Kurve 4 gezeichnet haben. Der Schnittpunkt der Geraden liegt bei einem Molekulargewicht von etwa 10^5.

Wie erkennen die Vorteile der Gl. (VII.3) und stellen daher im folgenden Abschnitt einige theoretische Überlegungen zu dieser Gleichung an.

VII.2.2. Theoretische Behandlung nach der Zwei-Parameter-Theorie

Unter Vernachlässigung intramolekularer Wechselwirkungen, d. h. unter der Annahme, daß in einem Einzelmolekül eine Gaußsche Verteilung der Segmente vorliegt, berechnete zuerst Zimm (*214*) nach der statistischen Mechanik von Lösungen den zweiten osmotischen Virialkoeffizienten für Kettenmoleküle

$$A_2 = \frac{1}{2} N_L B^* h(z^*) \tag{VII.5}$$

mit

$$z^* \equiv \left(\frac{3}{2\pi}\right)^{1,5} B^* A^{*-3} M^{0,5}. \tag{VI.8}$$

Spätere Berechnungen (*178*) ergaben jedoch, daß der Einfluß der intramolekularen Wechselwirkungen auf A_2 unerwartet groß ist. Man kann diesen Einfluß in einfacher Weise (uniform expansion approximation) (*229*) berücksichtigen, in dem man an Stelle der Segmentlänge b_s eine Gaußsche effektive Segmentlänge b_e

$$b_e = \alpha_2 b_s \tag{VII.6}$$

einführt. α_2 ist der Expansionsfaktor bei Gegenwart eines zweiten Moleküls und nicht identisch mit dem Expansionskoeffizienten α für ein isoliertes Molekül. Unter diesen Bedingungen erhalten wir die Gleichungen

$$A_e^* = \frac{b_e}{M_e^{0,5}} = \alpha_2 A^*, \tag{VII.7}$$

$$z_e = \left(\frac{3}{2\pi}\right)^{1,5} B^* A^{*-3} \alpha_2^{-3} M^{0,5} = z^* \alpha_2^{-3} \tag{VII.8}$$

und

$$A_2 = \frac{1}{2} N_L B^* h(z_e). \tag{VII.9}$$

Aus den Gl. (VII.8) und (VII.9) ergibt sich

$$A_2 = \Psi(z_e) A^{*3} M^{-0,5} \alpha^3 \tag{VII.10}$$

mit

$$\Psi(z_e) = 4 \left(\frac{\pi}{6}\right)^{1,5} N_L [z_e h(z_e)] \left(\frac{\alpha_2}{\alpha}\right)^3. \tag{VII.11}$$

Der Faktor $\left(\frac{\alpha_2}{\alpha}\right)^3$ hängt nur geringfügig von der z^*-Funktion ab. Er ist bei $z^* = 0$ Eins und nähert sich für $z^* \to \infty$ asymptotisch dem Wert 0,928 (*184*). Sein Einfluß auf A_2 ist also nur klein, weshalb man $\alpha_2 = \alpha$ setzen kann. Aus Gl. (VII.11) folgt dann

$$\Psi(z_e) = 4 \left(\frac{\pi}{6}\right)^{1,5} N_L [z_e h(z_e)]. \tag{VII.12}$$

In den letzten Jahren wurden von verschiedenen Autoren mit Hilfe unterschiedlicher Ansätze geschlossene Ausdrücke für die $h(z_e)$-Funktion abgeleitet. So gingen Flory u. Mitarb. (*169*, *170*, *230*) und Ishihara und Koyama (*212*) von einer symmetrischen Verteilung der Segmente um den Schwerpunkt eines Moleküls aus, während Casassa und Markovitz (*231*) die Verteilung der Segmente um den Berührungspunkt zweier Moleküle betrachten. Für alle Theorien ist die Gleichung (*184*)

$$h(z_e) = \frac{1 - (1 - K_2 z_e)^{-(K_1 - K_2)/K_2}}{(K_1 - K_2)\, z_e} \tag{VII.13}$$

gültig, aus der sich für den Fall $K_1 = 5{,}73$ und $K_2 = 0$ die Gleichung von CASASSA und MARKOVITZ

$$h(z_e)_{\mathrm{CM}} = [1 - \exp(-5{,}73\, z_e)]/5{,}73\, z_e \tag{VII.14}$$

ergibt. Da zu ihrer Ableitung von dem zweckmäßigsten Modell (*165*) ausgegangen wurde, legen wir sie unseren weiteren Betrachtungen zugrunde. Für $z^* = 0$ ist die Funktion $h(z_e) = 1$ und nimmt mit wachsendem z^* ab. z_e und die Funktion $h(z_e)$ werden für großes z^* praktisch konstant, wie man leicht einsieht, wenn für α die Fixman-Gleichung (VI.11) eingesetzt wird.

$$\lim_{z^* \to \infty} z_e = \lim_{z^* \to \infty} \frac{z^*}{1 + 1{,}914\, z^*} \tag{VII.15}$$

$$\lim_{z^* \to \infty} h(z_e)_{\mathrm{CM}} = 0{,}318 \tag{VII.16}$$

$$\lim_{z^* \to \infty} z_e h(z_e)_{\mathrm{CM}} = 0{,}166\,. \tag{VII.17}$$

In Analogie zur hydrodynamischen Durchspülungsfunktion $[xF_0(x)]$ (draining effect) wird die thermodynamische Funktion $[z_e h(z_e)]$ als Durchdringungsfunktion (penetrating function) bezeichnet (*184*). Der funktionale Zusammenhang zwischen der Durchdringungsfunktion $z_e h(z_e)$ und z^* ist durch die $h(z_e)$-Funktion und die ,,Gesetze dritter bzw. fünfter Potenz“ von α gegeben. Im Gegensatz zu den Gesetzen dritter Potenz wird bei dem Gesetz fünfter Potenz die $z_e h(z_e)$-Funktion mit steigendem z^* niemals konstant. Bei der Gleichung von CASASSA und MARKOVITZ wird dagegen im Vergleich mit den anderen Theorien die $z_e h(z_e)$-Funktion am schnellsten konstant (*184*).

Für den Fall $z^* \to \infty$, d. h. in sehr guten Lösungsmitteln, folgt aus den Gl. (VII.10) und (VII.12)

$$\lim_{z^* \to \infty} \Psi(z_e) \equiv \Psi_\infty = 1{,}518 \cdot 10^{23} \tag{VII.18}$$

und

$$A_2 = \Psi_\infty A^{*3} M^{-0{,}5} \alpha^3 \tag{VII.19}$$

und nach Einsetzen der Fixman-Gleichung (VI.11)

$$A_2 = \frac{\Psi_\infty A^{*3}}{M^{0{,}5}} + 0{,}631\, \Psi_\infty B^*\,. \tag{VII.20}$$

Ist das Molekulargewicht des Polymeren groß und liegt ein gutes Lösungsmittel vor, d. h. wenn $z^* > 0.8$ oder $\alpha > 1{,}35$ ist, dann wird A_2 nicht Null, sondern nähert sich einem Grenzwert, wie es auch die Gl. (VII.3) und (VII.20) verlangen.

In der Umgebung der Thetatemperatur, d. h. wenn $|z^*| \leqq 0{,}15$ ist, besteht nach der Theorie von KURATA und YAMAKAWA (*178*) zwischen A_2 und $M^{0,5}$ eine lineare Abhängigkeit. Das scheint zunächst im Widerspruch zur Gl. (VII.3) zu stehen. Trägt man aber den Virialkoeffizienten A_2 gegen $M^{0,5}$ auf, dann sollte sich, wenn man einen Zusammenhang nach Gl. (VII.3) annimmt, ein hyperbelartiger Kurvenverlauf ergeben, der sich bei kleinem K_a in einem gewissen Molekulargewichtsbereich durch eine Gerade mit negativer Steigung annähern läßt. Nicht nur oberhalb, sondern auch unterhalb der Thetatemperatur, d. h. im Bereich $-0{,}15 < z^* < 0$ sollte ferner nach der Theorie von KURATA und YAMAKAWA A_2 mit wachsendem Molekulargewicht kleiner werden. Die Kurve *c* der Abb. VII.3 zeigt dagegen, daß unterhalb der Thetatemperatur eine umgekehrte Abhängigkeit besteht, d. h. der Virialkoeffizient steigt hier mit zunehmendem Molekulargewicht an. Solche Ergebnisse ergaben auch Messungen anderer Autoren (*218*, *219*).

Zusammenfassend kann man sagen, daß die Gleichung (VII.3) die experimentellen Ergebnisse für makromolekulare und niedermolekulare Polymere gut darstellt, ohne im Bereich $0{,}15 < z^* < 0{,}8$ theoretisch begründet zu sein.

VII.3. Der zweite osmotische Virialkoeffizient von niedermolekularen Polymeren in Lösung

VII.3.1. Entropie- und Enthalpieterm des zweiten osmotischen Virialkoeffizienten

Da der Virialkoeffizient B in Gl. (VII.2) in einem formalen Zusammenhang zum chemischen Potential des Lösungsmittels steht, hat G.V. SCHULZ (*232*) ihn in einen Entropie- und Enthalpieterm zerlegt.

Das chemische Potential $\Delta\mu_1$, die Verdünnungsentropie ΔS_1, und die Verdünnungsenthalpie ΔH_1 des Lösungsmittels sind durch die Gibbs-Helmholzsche Gleichung miteinander verknüpft

$$\Delta\mu_1 = \Delta H_1 - T\Delta S_1 . \tag{VII.21}$$

Für eine ideale Lösung gilt

$$\Delta\mu_1^{\text{id.}} = -T\Delta S_1^{\text{id.}} = RT\ln x_1 \tag{VII.22}$$

$$\Delta H_1^{\text{id.}} = 0 ,$$

wenn x_1 der Molenbruch des Lösungsmittels ist. Bei einer idealen Lösung besitzen alle Moleküle, d. h. die Moleküle des Lösungsmittels und die Moleküle des gelösten Stoffes, die gleiche Größe und üben keine Wechselwirkungen aufeinander aus. Bei einer realen Lösung trifft das nicht zu.

Um die Abweichungen vom idealen Verhalten ausdrücken zu können, wurden Exzeßfunktionen wie folgt definiert

$$\begin{aligned} \mu_1^E &= \Delta\mu_1 - \Delta\mu_1^{\text{id.}} \\ S_1^E &= \Delta S_1 - \Delta S_1^{\text{id.}} \\ H_1^E &= \Delta H_1 \equiv H_1 . \end{aligned} \tag{VII.23}$$

Der osmotische Druck Π steht in direkter Beziehung zum chemischen Potential des Lösungsmittels

$$\Pi = -\frac{\Delta\mu_1}{V_1}, \tag{VII.24}$$

wenn V_1 das partielle Molvolumen des Lösungsmittels ist. Aus den Gl. (VII.22), (VII.23) und (VII.24) folgt für den osmotischen Druck

$$\Pi = -\frac{RT}{V_1}\ln(1-x_2) - \frac{\mu_1^E}{V_1}, \tag{VII.25}$$

wobei x_2 der Molenbruch des gelösten Stoffes ist, der sich mit Hilfe des Volumenbruches ϕ_2 und des Polymerisationsgrades P ausdrücken läßt

$$x_2 = \frac{\phi_2}{P-(P-1)\,\phi_2}. \tag{VII.26}$$

Der Polymerisationsgrad P wird durch die Beziehung

$$P = \frac{v_2 M}{V_1} \tag{VII.27}$$

definiert. v_2 ist das partielle spezifische Volumen des gelösten Stoffes. Setzt man Gl. (VII.26) in Gl. (VII.25) ein und entwickelt den Logarithmus unter Berücksichtigung der linearen und quadratischen Glieder von ϕ_2 in eine Reihe und setzt außerdem $\phi_2 = v_2 c$, so ergibt sich für den osmotischen Druck verdünnter Lösungen

$$\Pi = \frac{RT}{M}c + \frac{RTv_2^2}{2V_1P}\left(2-\frac{1}{P}\right)c^2 - \frac{\mu_1^E}{V_1}. \tag{VII.28}$$

Definieren wir einen idealen Entropieterm des zweiten osmotischen Virialkoeffizienten

$$B_S^{\text{id.}} = \frac{RT}{2V_1P}\left(2-\frac{1}{P}\right) \tag{VII.29}$$

und eine Exzeßfunktion des zweiten Virialkoeffizienten

$$B^E = \frac{\mu_1^E}{V_1c^2} = \frac{TS_1^E}{V_1c^2} - \frac{H_1}{V_1c^2}, \tag{VII.30}$$

die sich in einen Entropie- und Enthalpieterm aufspalten läßt

$$B_S^E = \frac{TS_1^E}{V_1c^2}, \quad B_H = -\frac{H_1}{V_1c^2}, \tag{VII.31}$$

so läßt sich Gl. (VII.28) in der Form

$$\Pi = \frac{RT}{M} c + (B_S^{\text{id.}} + B_S^E + B_H) c^2 \qquad \text{(VII.32)}$$

schreiben. Aus einem Vergelich mit Gl. (VII.2) folgt

$$B = B_S^{\text{id.}} + B_S^E + B_H = B_S^{\text{id.}} + B^E . \qquad \text{(VII.33)}$$

Eine ideale Lösung hat demnach einen osmotischen zweiten Virialkoeffizienten $B_S^{\text{id.}}$, der nach Gl. (VII.29) vom Polymerisationsgrad abhängig ist. Mit zunehmendem Polymerisationsgrad wird $B_S^{\text{id.}}$ immer kleiner und kann in verdünnten Hochpolymerlösungen Null gesetzt werden. Dann ist $B = B^E$. Bei kleinen Polymerisationsgraden ist aber $B_S^{\text{id.}}$ nicht zu vernachlässigen. Das ist bei der Untersuchung der Molekulargewichtsabhängigkeit von B oder A_2 zu beachten.

VII.3.2. Molekulargewichtsabhängigkeit

Nach Gl. (VII.3) ist eine stetige Zunahme des zweiten osmotischen Virialkoeffizienten mit sinkendem Molekulargewicht bzw. Polymerisationsgrad P zu erwarten. Wir haben zur Prüfung dieser Frage mit einem

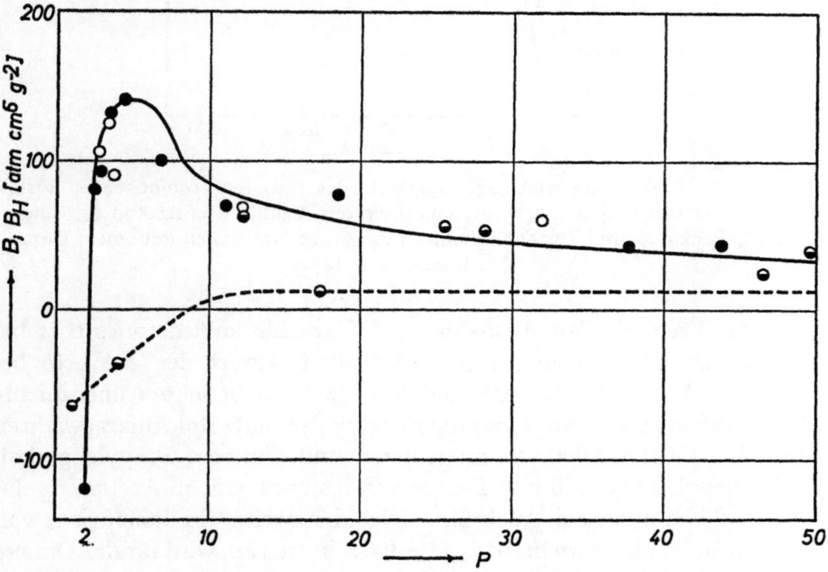

Abb. VII.4. Abhängigkeit des zweiten osmotischen Virialkoeffizienten B (——) und des Enthalpiekoeffizienten B_H (- - -) vom Polymerisationsgrad P für oligomere Styrole in Naphthalin und Benzol. ● eigene Messungen (*220*) (Naphthalin), ○ A. R. Kemp u. a. (*221*) (Benzol), ◒ (——) G. V. Schulz u. a. (*222*) (Benzol), (- - - -) G. V. Schulz u. a. (*233*) (Benzol)

von uns entwickelten kryoskopischen Apparat (*61*) die *B*-Werte der Di-, Tri-, Tetra- und höheren Oligomeren des Styrols in Naphthalin gemessen (*219, 220*). Die Ergebnisse sind in Abb. VII. 4 dargestellt. Der Verlauf des von G. V. SCHULZ und HORBACH (*233*) calorimetrisch bestimmten Enthalpieterms B_H in Benzol ist in der Abbildung gestrichelt gezeichnet. Der zweite osmotische Virialkoeffizient ist beim Polymerisationsgrad $P = 2$ negativ, wächst dann steil zu positiven Werten, durchläuft bei $P = 4$ ein Maximum, um mit zunehmendem Polymerisationsgrad wieder abzunehmen. Rechts vom Maximum verlaufen die Kurven nach Gl. (VII.3). SPRINGER u. a. (*234*) haben mit Hilfe eines Dampfdruckosmometers *B*-Werte[5] von Lösungen Oligomerer des Methacrylsäuremethylesters in verschiedenen Lösungsmitteln gemessen. Abb. VII.5

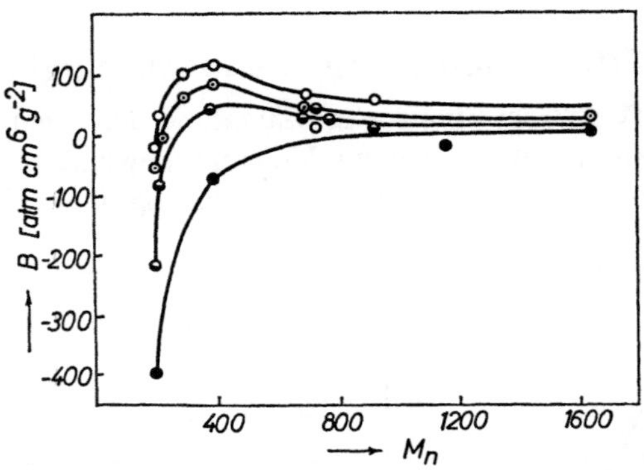

Abb. VII.5. Molekulargewichtsabhängigkeit des zweiten osmotischen Virialkoeffizienten von Polymethacrylsäuremethylestern bei 25° C in Aceton ○, Chloroform ⊙, Benzol ◒ und Tetrachlorkohlenstoff ● aus Messungen mit einem Dampfdruckosmometer (*234*)

zeigt das Ergebnis. Mit Ausnahme des Tetrachlorkohlenstoffes tritt bei den untersuchten Lösungsmitteln ein Maximalwert der *B*-Werte bei etwa $P = 4$ auf. MEYERHOFF und MORITZ (*236*) berichten über Lichtstreuungsmessungen an Polypropylenglykolen mit Molekulargewichten von $M = 400$ bis 4000, an monomeren und dimerem Propylenglykol, an Diphenyl, Tristearin und Pentaerythrittetrastearat in Aceton, Cyclohexan und Brombenzol. Auch hier steigt der zweite Virialkoeffizient von höheren Molekulargewichten bis $M = 400$ schwach an, wird für das Dimere annähernd Null und für das Monomere negativ. Bei Oligocarbonaten

[5] Anmerkung: KAMIDE (*235*) hat kürzlich Virialkoeffizienten, die mit Hilfe der Dampfdruckosmometrie gemessen wurden, als scheinbare Virialkoeffizienten bezeichnet, da ihre Bestimmung nicht im thermodynamischen Gleichgewicht erfolgt.

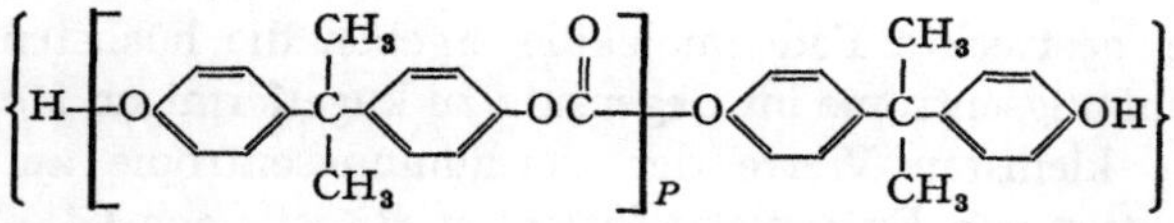

in Dioxan tritt ein maximaler B-Wert bei einem Molekulargewicht von etwa 2000 ($P = 7$) auf (*11*). Oligomere des Methacrylsäuremethylester in Tetrachlorkohlenstoff zeigen kein Maximum, ebenso nach SATO u. a. (*237*), MÜH (*238*) und ELIAS (*193*) Äthylenglykole in Benzol.

Im folgenden Abschnitt bemühen wir uns eine Erklärung dieser Eigenschaft, und diskutieren dazu zunächst die Exzeßfunktion des Entropiekoeffizienten.

VII.3.3. Exzeßfunktion des Entropiekoeffizienten B_S^E

Abb. VII.6 zeigt die Abhängigkeit des Exzeßfunktion des Entropiekoeffizienten B_S^E vom Polymerisationsgrad P, die aus den gemessenen B- und B_H-Werten (Abb. VII.4) mit Hilfe der Gl. (VII.29) und (VII.33) berechnet wurde. Danach ist B_S^E des Dimeren annähernd Null, erreicht bei $P = 4$ einen Maximalwert, und zeigt dann einen Verlauf, der der Gl. (VII.3) gehorcht.

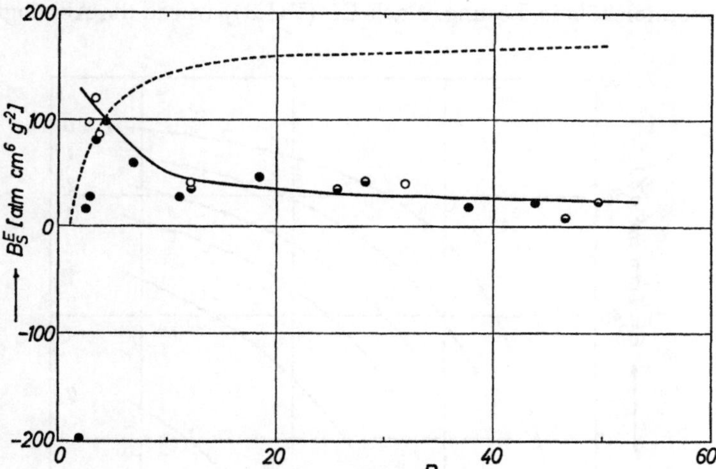

Abb. VII.6. Abhängigkeit der Exzeßfunktion des Enthalpiekoeffizienten B_S^E vom Polymerisationsgrad P von oligomeren Styrolen in Benzol und Naphthalin. ● eigene Messungen (*220*) (Naphthalin), ○ A. R. KEMP u. a. (*221*) (Benzol), ◒ G. V. SCHULZ u. a. (*222*) (Benzol),

—— $B_S^E = RTA_2 - B_H - B_S^{\text{id.}}$, $A_2 = \dfrac{0{,}10}{M^{0{,}5}} + 1{,}7 \cdot 10^{-4}$

- - - B_S^E nach FLORY (*220, 240*)

Starre, gestreckte Fadenmoleküle ergeben die höchsten Werte für die Verdünnungsentropie im Gegensatz zu kugelförmigen Molekülen, bei denen die kleinsten Werte der Verdünnungsentropie auftreten. Die Exzeßfunktion des Entropiekoeffizienten B_S^E ist nach Gl. (VII.31) mit der Verdünnungsentropie verknüpft. Danach sollte eine Verknäuelung der Moleküle eine Verkleinerung von B_S^E hervorrufen. Somit läßt sich qualitativ das Maximum in der B_S^E-P-Kurve als Übergang vom gestreckten niedermolekularen zum geknäuelten makromolekularen Polymeren erklären.

Früher haben wir mit Hilfe der Gittertheorie von KURATA (*239*) die Abhängigkeit der Exzeßfunktion des Entropiekoeffizienten B_S^E vom Polymerisationsgrad untersucht und erklärt (*240*). Für B_S^E gilt die Gleichung

$$B_S^E = \frac{R T v_2^2}{V_1}\left[\frac{1}{2}\left(1-\frac{1}{P}\right)^2 - \frac{1}{z}\left(1-\frac{1}{P}\right)\left(1-\frac{1}{P}+\frac{2C}{P}\right)\right], \quad \text{(VII.34)}$$

worin z die Koordinationszahl und C die intramolekulare Kontaktzahl bedeuten. Unter der intramolekularen Kontaktzahl verstehen wir (vgl. Kap. V) die Anzahl von Kontakten, die sich zwischen nicht unmittelbar benachbarten Segmenten eines Polymermoleküls im Gittermodell ergeben können. Die Größe C charakterisiert somit auch die Gestalt eines Polymermoleküls in Lösung. Nach Gl. (VII.34) wurde die Abhängigkeit

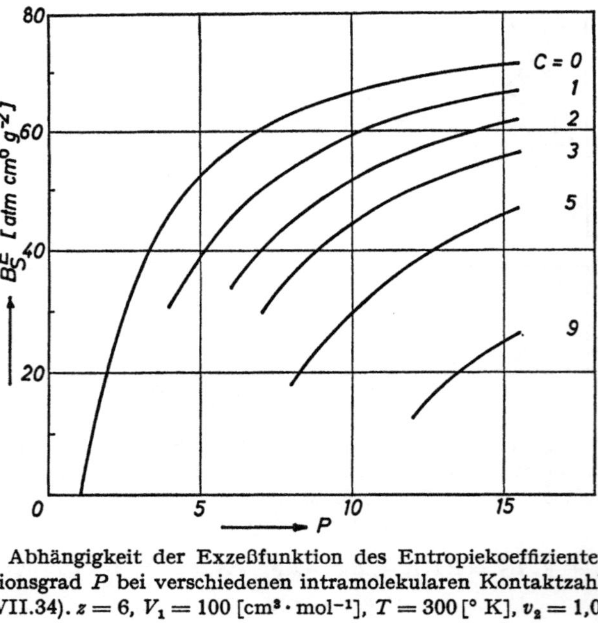

Abb. VII.7. Abhängigkeit der Exzeßfunktion des Entropiekoeffizienten B_S^E vom Polymerisationsgrad P bei verschiedenen intramolekularen Kontaktzahlen C nach Gleichung (VII.34). $z = 6$, $V_1 = 100$ [cm$^3 \cdot$ mol^{-1}], $T = 300$ [° K], $v_2 = 1{,}0$ [cm$^3 \cdot$ g^{-1}]

von B_S^E vom Polymerisationsgrad für diskrete Werte von C berechnet und in Abb. VII.7 dargestellt. Danach läßt sich das Maximum in der B_S^E-P-Kurve wie folgt erklären: Für kleines P folgt B_S^E der Kurve $C = 0$, da keine intramolekularen Kontakte existieren. Mit wachsendem P nimmt die Möglichkeit zur Bildung intramolekularer Kontakte zu und dadurch werden die B_S^E-Werte kleiner. Bei welchem Wert von P ein Maximum auftritt, hängt offensichtlich von der Biegsamkeit der Polymerkette ab. Sind die Moleküle steif, dann wird das Maximum bei größeren P-Werten liegen. Seine Lage ist ein Parameter für die Biegsamkeit eines Moleküls.

VII.3.4. Enthalpiekoeffizient B_H

Ein direkter Weg zur Ermittlung des Enthalpiekoeffizienten besteht in der calorimetrischen Messung der Verdünnungswärme. Über solche Messungen liegen nur wenige Arbeiten vor. In Abb. VII.8 sind die B_H-Werte von Polystyrol (PST) in Abhängigkeit vom Molekulargewicht in Benzol und Cyclohexan nach G. V. Schulz und Horbach (*233*) dargestellt. Abb. VII.9 zeigt diese Abhängigkeit für die Systeme Polymethylmethacrylat (PMMA)-Aceton, Polyvinylcarbazol (PVCA)-Benzol und

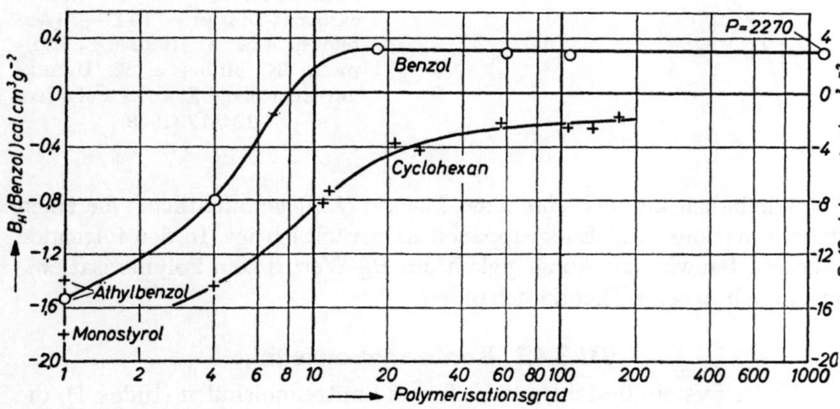

Abb. VII.8. Enthalpiekoeffizienten von Polystyrolen in Abhängigkeit vom Molekulargewicht in Benzol (linker Maßstab) und Cyclohexan (rechter Maßstab) [Abb. 2 bei G. V. Schulz u. A. Horbach, Z. f. Physik. Chem. N *22*, 377 (1959)]

Polycarbonat-Dioxan nach Bruns u. a. (*241*). G. V. Schulz nahm zur Erklärung des Kurvenverlaufs der B_H-Werte in Abb. VII.8 an, daß sich End- und Mittelgruppen der Polymermoleküle bezüglich der energetischen Wechselwirkungen unterscheiden. Bruns hat kürzlich das Endgruppenproblem theoretisch behandelt. Obwohl seine Theorie den Endgruppeneffekt berücksichtigt und den Kurvenverlauf auch qualitativ erklären kann, ist sie nicht in der Lage, durch theoretische Kurven die experimentellen Ergebnisse verschiedener Systeme zu beschreiben. Kurata (*239*) hat den B_H-Wert von Polymeren mit Hilfe des Gittermodells berechnet, wobei er die Sonderstellung der Endgruppen der Polymeren vernachlässigt und nur die Konformation berücksichtigt hat.

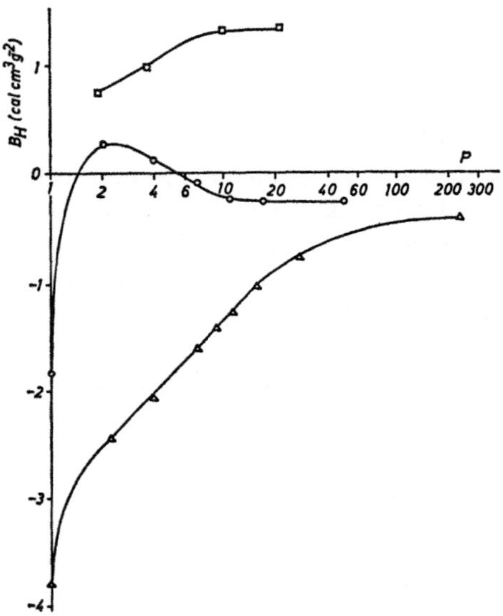

Abb. VII.9. Abhängigkeit von B_H vom Polymerisationsgrad bei den Systemen Polymethylmethacrylat-Aceton —△—△—; Polyvynilcarbazol-Benzol —○—○—; Polycarbonat-Dioxan —□—□—. [Abbildung 4 bei W. Bruns, F. Mehdron, K. Mirus u. K. Ueberreiter, Kolloid-Z. u. Z. f. Polymere *224*, 17 (1968)]

Wir haben kürzlich eine neue Theorie (*139*) veröffentlicht, die einen Konformations- und Endgruppeneffekt berücksichtigt. In den folgenden Abschnitten wird die Abhängigkeit des B_H-Wertes vom Polymerisationsgrad nach unserer Theorie behandelt.

VII.3.4.1. Konformationseffekt

Unser System besteht aus N_1 Lösungsmittelmolekülen (Index 1), die je einen Gitterplatz besetzen, und aus N_2 Polymermolekülen (Index 2), die P Gitterplätze beanspruchen. Für den Fall, daß intramolekulare Kontakte auftreten (Abb. V.3C), deren Zahl wir mit C bezeichnen wollen, gilt für die intermolekulare Kontaktzahl (vgl. Kap. V.1.2.2.)

$$zq = P(z-2) + 2 - 2C \qquad \text{(V.19)}$$

Der Parameter q ist also sowohl eine Funktion des Polymerisationsgrades P als auch eine Funktion der konformationsabhängigen intramolekularen Kontaktzahl C.

Wir setzen voraus, daß energetische Wechselwirkungen nur zwischen unmittelbar benachbarten Gitterpunkten bestehen, was für Nichtelektrolyte eine hinreichende Näherung darstellt. Die Energie E einer gegebenen Konformation ist von der Art und Zahl der intermolekularen Kontakte abhängig. Machen wir nach BRAGG-WILLIAMS (*242*) die Annahme, daß die molekulare Struktur der Mischung durch eine ideal-statistische Unordnung charakterisiert ist, dann folgt nach Tab. VII.1 für die Gesamtenergie einer gegebenen Konformation

Tabelle VII.1. *Intermolekulare Kontakte bei ideal-statistischer Verteilung.*

$$Q = \frac{z}{2}\,(N_1 + qN_2)$$

Art	Zahl	Energie	
		pro Paar	gesamt
1–1	Qx_1^2	w_{11}	$Qx_1^2 w_{11}$
1–2	Qx_1x_2	w_{12}	$Qx_1x_2w_{12}$
2–1	Qx_1x_2	w_{12}	$Qx_1x_2w_{12}$
2–2	Qx_2^2	w_{22}	$Qx_2^2 w_{22}$
	Q	–	E

$$E = Q\,(x_1^2 w_{11} + 2x_1x_2w_{12} + x_2^2 w_{22}) \tag{VII.35}$$

mit

$$Q = \frac{z}{2}\,(N_1 + qN_2)\,, \tag{VII.36}$$

$$x_1 = \frac{N_1}{N_1 + qN_2} \tag{VII.37}$$

und

$$x_2 = \frac{N_2}{N_1 + qN_2}\,. \tag{VII.38}$$

Entsteht bei einem Platzwechsel ein 1–2-Kontakt und verschwindet dafür je ein halber 1–1- und 2–2-Kontakt, dann beträgt die Energiebilanz dieses Vorganges

$$\varDelta w = w_{12} - \frac{w_{11}}{2} - \frac{w_{22}}{2}\,. \tag{VII.39}$$

Mit Gl. (VII.39) folgt aus Gl. (VII.35)

$$E\,(N_1, N_2, q) = \frac{z}{2}\left(N_1 w_{11} + qN_2 w_{22} + \frac{2N_1 qN_2}{N_1 + qN_2}\,\varDelta w\right). \tag{VII.40}$$

Bleibt beim Mischen das Volumen konstant, dann ist die Änderung der Enthalpie und der Energie einander gleich. Nach der Definition der

Mischungswärme

$$\Delta h^M = E(N_1, N_2, q) - E(0, N_2, q) - E(N_1, 0, 0) \qquad \text{(VII.41)}$$

folgt

$$\Delta h^M = \left(\frac{N_1 q N_2}{N_1 + q N_2}\right) z \Delta w = 2Q\, x_1 x_2 \Delta w \qquad \text{(VII.42)}$$

und damit durch Differentiation für die differentielle Verdünnungswärme

$$H_1 = N_L \left(\frac{\partial \Delta h^M}{\partial N_1}\right)_{N_2, q} = N_L \left(\frac{q N_2}{N_1 + q N_2}\right)^2 z \Delta w\,, \qquad \text{(VII.43)}$$

wobei N_L die Loschmidtsche Zahl ist. Hierbei wurde q als Konstante behandelt. Da aber q vom Polymerisationsgrad und der intramolekularen Kontaktzahl abhängig ist, bedeutet das, daß für einen bestimmten Polymerisationsgrad, unabhängig von der Konzentration, nur Anordnungsmöglichkeiten mit konstanter intramolekularer Kontaktzahl zulässig sind. Diese Einschränkung kann nur von einem steifen Molekül erfüllt werden. Setzen wir zq [Gl. (V.19)] und den Volumenbruch des gelösten Stoffes

$$\phi_2 = \frac{P N_2}{N_1 + P N_2} = v_2\, c\,, \qquad \text{(VII.44)}$$

wenn v_2 das partielle spezifische Volumen des gelösten Stoffes ist, in Gl. (VII.43) ein, dann ergibt sich

$$H_1 = N_L \frac{[1 - 2z^{-1}(1 - P^{-1} + C P^{-1})]^2 \phi_2^2}{[1 - 2z^{-1}(1 - P^{-1} + C P^{-1})\, \phi_2]^2} z \Delta w\,. \qquad \text{(VII.45)}$$

Entsprechend der Van Laar-Hildebrand-Scatchard-Gleichung (*243*) erhalten wir für die differentielle Verdünnungswärme

$$\frac{H_1}{RT} = G \phi_2^2 \qquad \text{(VII.46)}$$

mit

$$G = \left(\frac{z N_L}{RT}\right) \left[\frac{1 - 2z^{-1}(1 - P^{-1} + C P^{-1})}{1 - 2z^{-1}(1 - P^{-1} + C P^{-1})\, \phi_2}\right]^2 \Delta w\,. \qquad \text{(VII.47)}$$

G ist demnach vom Volumenbruch ϕ_2 abhängig, und wir können es für verdünnte Lösungen als Potenzreihe von ϕ_2 darstellen (*239*).

$$G = G_0 + G_1 \phi_2 + G_2 \phi_2^2 + \cdots \qquad \text{(VII.48)}$$

Für das konzentrationsunabhängige Glied G_0 gilt

$$G_0 = \left(\frac{z N_L}{RT}\right) \left[1 - \frac{2}{z} - \left(1 - \frac{1}{P} + \frac{C}{P}\right)\right]^2 \Delta w\,. \qquad \text{(VII.49)}$$

Werden die linearen und höheren Glieder in Gl. (VII.48) vernachlässigt, dann folgt für den Enthalpieterm des zweiten osmotischen Virialkoeffizienten

$$B_H = -\frac{H_1}{V_1 c^2} = -\frac{RT \phi_2^2}{V_1 c^2} G_0 \qquad \text{(VII.50)}$$

und für Lösungen steifer Moleküle

$$B_H = -\left(\frac{z N_L v_2^2}{V_1}\right)\left[1 - \frac{2}{z}\left(1 - \frac{1}{P} + \frac{C}{P}\right)\right]^2 \Delta w\,, \qquad \text{(VII.51)}$$

wenn V_1 das partielle Molvolumen des Lösungsmittels ist. Diese Beziehung enthält die Parameter für die Konformation C und Energie Δw. Obwohl zu ihrer Ableitung die Methode von GUGGENHEIM (*244*) benutzt wurde, stimmt sie mit den Berechnungen von KURATA (*239*) überein.

VII.3.4.2. Konformations- und Endgruppeneffekt

Nachdem wir bei der bisherigen Ableitung keinen Unterschied zwischen End- und Mittelgruppen der Polymermoleküle gemacht haben, erweitern wir nunmehr die Theorie dahingehend, daß wir die intramolekularen Kontakte in End-End-(C_{ee}), End-Mittel-(C_{em}) und Mittel-Mittel-(C_{mm})-Kontakte aufspalten, wie es bereits in Kap. V ausgeführt wurde (Abb. V.4). Mit Hilfe der Werte m bzw. e, mit denen wir den Bruchteil der Mittel- und Endgruppen an der intermolekularen Kontaktzahl zq bezeichneten [(Gl. V.22) und (V.23)], sind in Tab. VII.2 wie in Tab. VII.1 die Zahl der intermolekularen Kontakte bei einer idealstatistischen Verteilung und die zugehörigen Energiewerte angegeben.

Tabelle VII.2. *Intermolekulare Kontakte bei ideal-statistischer Verteilung unter Berücksichtigung der Sonderstellung der Endgruppen.* $Q = \frac{z}{2}(N_1 + qN_2)$

Art	Zahl	Energie pro Paar	Energie gesamt
1 — 1	Qx_1^2	w_{11}	$Qx_1^2 w_{11}$
1 — 2 (m)	Qx_1x_2m	w_{1m}	$Qx_1x_2m\,w_{1m}$
2 (m) — 1	Qx_1x_2m	w_{1m}	$Qx_1x_2m\,w_{1m}$
1 — 2 (e)	Qx_1x_2e	w_{1e}	$Qx_1x_2e\,w_{1e}$
2 (e) — 1	Qx_1x_2e	w_{1e}	$Qx_1x_2e\,w_{1e}$
2 (m) — 2 (m)	$Qx_2^2m^2$	w_{mm}	$Qx_2^2m^2w_{mm}$
2 (m) — 2 (e)	Qx_2^2me	w_{em}	$Qx_2^2me\,w_{em}$
2 (e) — 2 (m)	Qx_2^2me	w_{em}	$Qx_2^2me\,w_{em}$
2 (e) — 2 (e)	$Qx_2^2e^2$	w_{ee}	$Qx_2^2e^2w_{ee}$
	Q	—	E

Unter Berücksichtigung der Sonderstellung der Endgruppen berechnet man danach für die Gesamtenergie des Systems

$$E = Q\,[x_1^2 w_{11} + 2x_1x_2(m w_{1m} + e w_{1e}) + x_1^2(m^2 w_{mm} + 2em\,w_{em} + e^2 w_{ee})]\,. \qquad \text{(VII.52)}$$

Beim Mischungsvorgang wird ein Teil der Kontakte, die in den reinen Komponenten bestanden haben (1–1,2(*m*)–2(*m*), 2(*e*)–2(*e*), 2(*m*)–2(*e*)), gelöst und dabei werden neue Kontakte (1–2(*m*) und 1–2(*e*)) gebildet.

Für die drei möglichen Elementarvorgänge

$$\frac{1}{2}(1-1)+\frac{1}{2}\{2(m)-2(m)\}\rightarrow 1-2(m)\,, \qquad \text{(VII.53)}$$

$$\frac{1}{2}(1-1)+\frac{1}{2}\{2(e)-2(e)\}\rightarrow 1-2(e) \qquad \text{(VII.54)}$$

und

$$1-1+2(e)-2(m)\rightarrow 1-2(e)+1-2(m) \qquad \text{(VII.55)}$$

beträgt die Energiebilanz

$$\Delta w_{1m}=w_{1m}-\frac{w_{11}}{2}-\frac{w_{mm}}{2}\,, \qquad \text{(VII.56)}$$

$$\Delta w_{1e}=w_{1e}-\frac{w_{11}}{2}-\frac{w_{ee}}{2} \qquad \text{(VII.57)}$$

und

$$\Delta w_{1em}=w_{1m}+w_{1e}-w_{11}-w_{em}\,. \qquad \text{(VII.58)}$$

Mit Hilfe dieser Energieparameter folgt aus Gl. (VII.52) für die Gesamtenergie

$$E(N_1,N_2,q)=Q\,[x_1w_{11}+x_2(m^2w_{mm}+2emw_{em}+e^2w_{ee}) + 2x_1x_2(m^2\Delta w_{1m}+e^2\Delta w_{1e}+em\Delta w_{1em})]\,. \qquad \text{(VII.59)}$$

Hieraus ergibt sich für die Mischungswärme

$$\Delta h^M=2Q\,x_1x_2(m^2\Delta w_{1m}+e^2\Delta w_{1e}+em\Delta w_{1em}) \qquad \text{(VII.60)}$$

und damit für die differentielle Verdünnungswärme

$$H_1=N_L\left(\frac{qN_2}{N_1+qN_2}\right)^2 z(m^2\Delta w_{1m}+e^2\Delta w_{1e}+em\Delta w_{1em}) \qquad \text{(VII.61)}$$

und den Enthalpieterm des zweiten osmotischen Virialkoeffizienten

$$B_H=-\left(\frac{zN_Lv_2^2}{V_1}\right)\left[1-\frac{2}{z}\left(1-\frac{1}{P}+\frac{C}{P}\right)\right]^2 \times[m^2\Delta w_{1m}+e^2\Delta w_{1e}+em\Delta w_{1em}]\,. \qquad \text{(VII.62)}$$

Gl. (VII.62) gilt wiederum für steife und ideal-statistisch verteilte Polymermoleküle. Neben dem Konformationsparameter C enthält sie m, e und drei Energieparameter.

VII.3.4.3. Mittelwerte

Zur Formulierung eines mittleren B_H-Wertes führen wir in Gl. (VII.62)

$$F=\left[1-\frac{2}{z}\left(1-\frac{1}{P}+\frac{C}{P}\right)\right]^2 \qquad \text{(VII.63)}$$

ein und erhalten

$$B_H = -\left(\frac{z N_L v_2^2}{V_1}\right)(F m^2 \Delta w_{1m} + F e^2 \Delta w_{1e} + F e m \Delta w_{1em}) \quad \text{(VII.64)}$$

bzw. für jedes Molekül i den Wert

$$B_{H,i} = -\left(\frac{z N_L v_2^2}{V_1}\right)(F_i m_i^2 \Delta w_{1m} + F_i e_i^2 \Delta w_{1e} + F_i e_i m_i \Delta w_{1em}) \,. \quad \text{(VII.65)}$$

Hierin ist

$$F_i = \left[1 - \frac{2}{z}\left(1 - \frac{1}{P} + \frac{C_i}{P}\right)\right]^2, \quad \text{(VII.66)}$$

$$m_i = \frac{(P - z)(z - 2) - (2 C_{mm,i} + C_{em,i})}{P(z - 2) + 2 - 2 C_i} \quad \text{(VII.67)}$$

und

$$e_i = 1 - m_i \,. \quad \text{(VII.68)}$$

Schreiben wir jetzt für die Mittelwerte

$$F_{mm} = \frac{1}{N} \sum_{i=1}^{N} (F_i m_i^2) \,, \quad \text{(VII.69)}$$

$$F_{ee} = \frac{1}{N} \sum_{i=1}^{N} (F_i e_i^2) \quad \text{(VII.70)}$$

und

$$F_{em} = \frac{1}{N} \sum_{i=1}^{N} (F_i e_i m_i) \,, \quad \text{(VII.71)}$$

dann folgt für den mittleren Enthalpieterm $\langle B_H \rangle$ die Gleichung

$$\langle B_H \rangle = -\left(\frac{z N_L v_2^2}{V_1}\right)(F_{mm} \Delta w_{1m} + F_{ee} \Delta w_{1e} + F_{em} \Delta w_{1em}) \,. \quad \text{(VII.72)}$$

Den so definierten mittleren B_H-Wert wollen wir mit den entsprechenden experimentellen Werten vergleichen. Daher besteht unsere Aufgabe jetzt darin, durch Untersuchung der Konformation der Polymermoleküle die hierzu erforderlichen mittleren Parameter zu bestimmen.

VII.3.4.4. Bestimmung der Parameter F_{mm}, F_{ee} und F_{em}

Mit Hilfe eines Computers haben wir für Oligomere, wie in Kap. V bereits beschrieben, bis zum Polymerisationsgrad 10 in einem einfach-kubischen Gitter alle möglichen Konformationen erzeugt. Da wir uns nur für die Zahl und den Typ der intramolekularen Kontakte interessieren, reichte es aus, die Betrachtung auf zwei Oktanten zu beschränken. Nach der Monte-Carlo-Methode wurden die Konformationen eines 15-, 20- und 25-meren untersucht. Der Winkel zwischen den Kettengliedern beträgt immer 90°. Für jede Konformation wurde die Zahl und der Typ der intramolekularen Kontakte bestimmt und nach den Definitionsgleichungen (VII.69–VII.71) die Parameter F_{mm}, F_{ee} und F_{em} berechnet. Die Ergebnisse sind Tab. VII.3 zusammengefaßt.

Tabelle VII.3. *Parameter F_{mm}, F_{ee} und F_{em}, P = Polymerisationsgrad*

P	$F_{mm} \times 10$	$F_{ee} \times 10$	$F_{em} \times 10$
a) Exakte Berechnung			
2	0	6,944	0
3	0,494	3,086	1,235
4	1,111	1,580	1,319
5	1,498	1,027	1,240
6	1,802	0,674	1,097
7	1,994	0,501	0,998
8	2,155	0,378	0,899
9	2,276	0,300	0,824
10	2,377	0,240	0,752
b) Monte-Carlo-Berechnung			
5	1,296	1,025	1,239
10	2,373	0,239	0,750
15	2,661	0,106	0,528
20	2,809	0,059	0,404
25	2,899	0,038	0,329

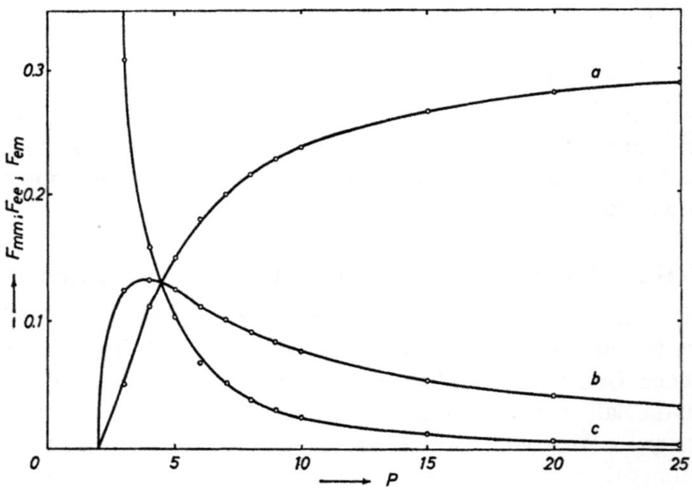

Abb. VII.10. Abhängigkeit von F_{mm} (a), F_{em} (b) und F_{ee} (c) vom Polymerisationsgrad P

In Abb. VII.10 ist die Abhängigkeit dieser Größen vom Polymerisationsgrad P dargestellt. Um ihren Wert auch für höhere Polymerisationsgrade angeben zu können, ist es notwendig, Extrapolationsgleichungen aufzustellen. Aus den Gl. (VII.66) und (V.25) berechnet man $\lim_{P\to\infty} \langle F \rangle = 0{,}324$. Da $\lim_{P\to\infty} m = 1$ und $\lim_{P\to\infty} e = 0$ ist, folgt $\lim_{P\to\infty} F_{mm} = 0{,}324$ und $\lim_{P\to\infty} F_{ee} = \lim_{P\to\infty} F_{em} = 0$. Graphisch haben wir folgende empirische Gleichungen gefunden

$$F_{mm} = -\frac{0{,}86}{P} + 0{,}324\,, \tag{VII.73}$$

$$F_{em} = \frac{0{,}84}{P}\left(1 - \frac{1}{P}\right) \tag{VII.74}$$

und

$$F_{ee} = \frac{2{,}5}{P^2}\,. \tag{VII.75}$$

VII.3.4.5. Energieparameter

Bezeichnen wir den Energiefaktor der Gl. (VII.62) mit A, d. h.

$$A \equiv m^2 \Delta w_{1m} + e^2 \Delta w_{1e} + em \Delta w_{1em}\,, \tag{VII.76}$$

so folgt, da $m + e = 1$ ist,

$$A = m\Delta w_{1m} + e\Delta w_{1e} + em(\Delta w_{1em} - \Delta w_{1m} - \Delta w_{1e})\,. \tag{VII.77}$$

Wenn

$$\Delta w_{1em} = \Delta w_{1m} + \Delta w_{1e} \tag{VII.78}$$

bzw. nach den Gl. (VII.56—VII.58)

$$w_{em} = \frac{w_{mm} + w_{ee}}{2} \tag{VII.79}$$

ist, enthält A nur noch die beiden Energiegrößen Δw_{1m} und Δw_{1e}

$$A = m\Delta w_{1m} + e\Delta w_{1e}\,. \tag{VII.80}$$

Sind schließlich diese beiden Energiegrößen noch gleich groß,

$$\Delta w_{1m} = \Delta w_{1e} = \Delta w \tag{VII.81}$$

dann wird

$$A = \Delta w\,. \tag{VII.82}$$

Das entspricht dem anfänglich behandelten Fall, bei dem der Endgruppeneinfluß vernachlässigt wurde.

Werden schließlich in Gl. (VII.72) die extrapolierten Grenzwerte ($P \to \infty$) der Größen F_{mm}, F_{em} und F_{ee} eingesetzt, dann ergibt sich

$$B_{H,\infty} = -0{,}324\left(\frac{z N_L v_2^2}{V_1}\right)\Delta w_{1m}\,. \tag{VII.83}$$

Bei bekanntem $B_{H,\infty}$, V_1 und v_2 ist demnach Δw_{1m} bestimmbar. Da ein Dimeres zwei Endgruppen besitzt, kann entsprechend bei bekanntem B_H-Wert des Dimeren aus der Beziehung

$$B_{H,2} = -0{,}694 \left(\frac{z N_L v_2^2}{V_1}\right) \Delta w_{1e} \qquad \text{(VII.84)}$$

Δw_{1e} ermittelt werden, weil F_{ee} dann für ein Dimeres

$$[F_{ee}]_2 = \left\{\left[1 - \frac{2}{z}\left(1 - \frac{1}{P} + \frac{C}{P}\right)\right]^2 e^2\right\} = \left(1 - \frac{1}{z}\right)^2 = 0{,}694 \qquad \text{(VII.85)}$$

ist. Lediglich der Parameter Δw_{1em} kann nur aus dem Verlauf der experimentell gewonnenen B_H-P-Kurve berechnet werden.

VII.3.4.6. Beispiele zur Berechnung theoretischer B_H-P-Kurven*

a) PST in Cyclohexan. Die Abhängigkeit des Enthalpiekoeffizienten B_H vom Polymerisationsgrad für PST in Cyclohexan bei 23° C zeigt Abb. VII.11 nach Messungen von G. V. SCHULZ (*233*). Zur Berechnung

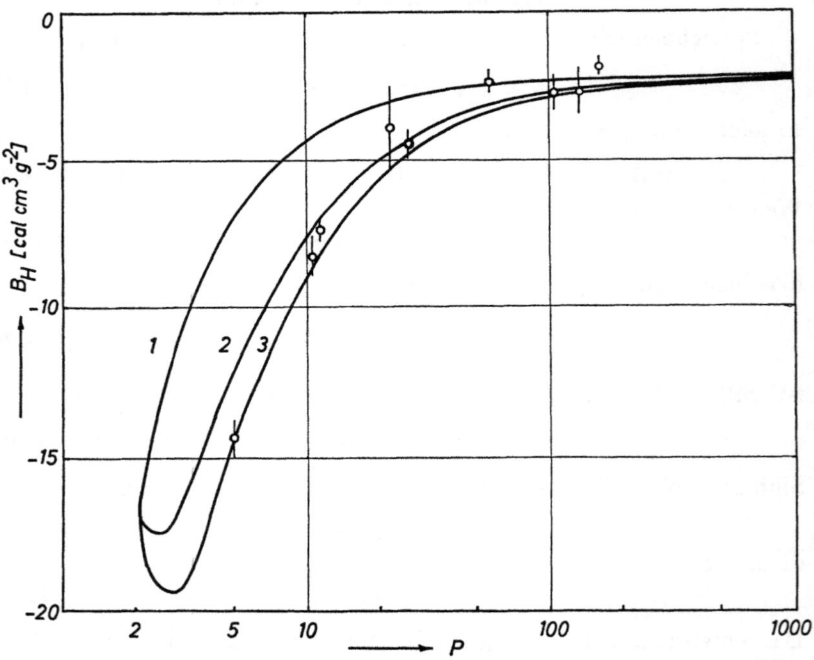

Abb. VII.11. B_H-Werte von Polystyrol in Cyclohexan bei 23° C in Abhängigkeit vom Polymerisationsgrad P nach G. V. SCHULZ u. A. HORBACH (*233*).
$\Delta w_{1em} \cdot 10^{23}$ [cal]: 1. 80,58, 2. 200, 3. 300

* Die Dimension der B_H-Werte beträgt [cal · cm³ · g⁻²] und die der Energiegrößen [cal].

von Δw_{1m} bzw. Δw_{1e} nach Gl. (VII.83) bzw. (VII.84) wurden aus den Messungen die Werte $B_{H,\infty} = -2{,}0$ und $B_{H,2} = -17$ extrapoliert. Das partielle spezifische Volumen des Polymeren v_2 ersetzen wir durch das spezifische Volumen des reinen Polymeren v_{02}, was für verdünnte Lösungen sicher zulässig ist. v_{02} wurde nach der von UEBERREITER und KANIG (*245*) bestimmten Gleichung,

$$v_{02} = [5{,}50 \cdot 10^{-4} + 339{,}10 \cdot 10^{-4}/M]\, T + 0{,}7674$$

die oberhalb der Einfriertemperatur gilt, berechnet. Dann folgt mit $V_1 \approx V_{01} = 108$, $\Delta w_{1e} = 17{,}58 \cdot 10^{-23}$ und $\Delta w_{1m} = 63{,}0 \cdot 10^{-23}$. Mit Hilfe dieser und angenommener Werte für Δw_{1em} wurden verschiedene Kurven berechnet:

Kurve 1, $80{,}58 \cdot 10^{-23} (= \Delta w_{1e} + \Delta w_{1m})$; Kurve 2, $200 \cdot 10^{-23}$; Kurve 3, $300 \cdot 10^{-23}$.

Kurve 1, bei der nur zwei Energieparameter eingeführt wurden [vgl. Gl. (VII.78)], beschreibt die Meßwerte nicht befriedigend, hingegen wird mit drei Energieparametern (Kurve 2 und 3) die Übereinstimmung zwischen Experiment und Theorie gut. Nach der Theorie sollte bei kleinen Polymerisationsgraden B_H ein Minimum durchlaufen. Leider fehlen in diesem Gebiet Meßwerte.

b) PST in Benzol. Für die Messungen von G. V. SCHULZ (*233*) am System PST/Benzol bei 23° C (Abb. VII.12) wurde mit $B_{H,2} = -1{,}2$,

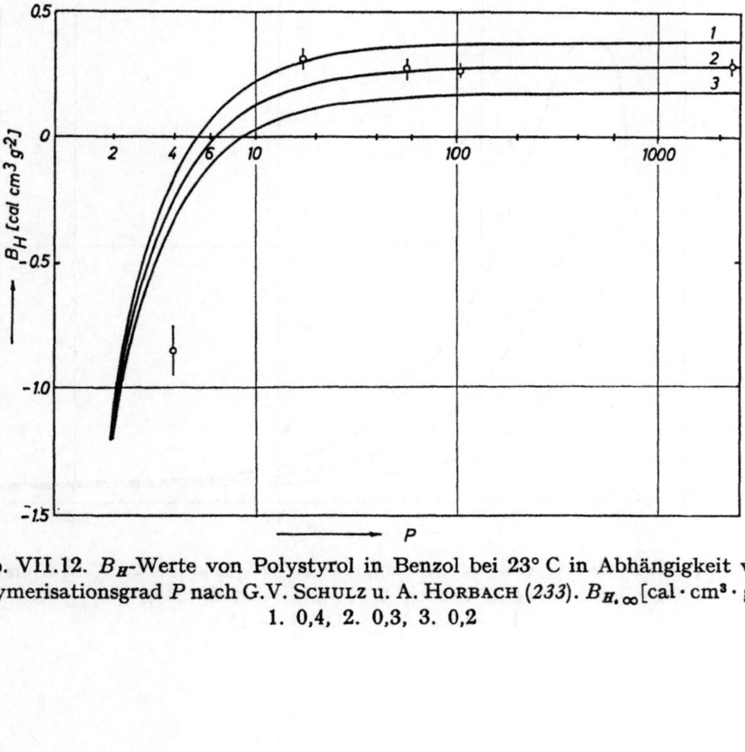

Abb. VII.12. B_H-Werte von Polystyrol in Benzol bei 23° C in Abhängigkeit vom Polymerisationsgrad P nach G.V. SCHULZ u. A. HORBACH (*233*). $B_{H,\infty}$ [cal · cm³ · g⁻²]
1. 0,4, 2. 0,3, 3. 0,2

$v_2 = 0{,}978$ und $V_1 \approx V_{01} = 89{,}1$, $\Delta w_{1e} = 4{,}45 \cdot 10^{-23}$ berechnet. Die drei Kurven (1, 2 und 3) wurden mit drei verschiedenen $B_{H,\infty}$-Werten (0,2, 0,3 und 0,4) berechnet, wobei für Δw_{1em} immer die Summe $\Delta w_{1e} + \Delta w_{1m}$ gesetzt wurde. In diesem Falle reichen offensichtlich zwei Energieparameter aus.

c) Polyäthylenglykol (PÄG) in Wasser. KAGEMOTO u. a. (*246*) haben den Enthalpiekoeffizienten für PÄG in Wasser bei 25° C gemessen (Abb. VII.13). Aus $B_{H,\infty} = 1{,}0$ und $B_{H,2} = 22$ wurden $\Delta w_{1m} = -2{,}23 \cdot 10^{-23}$ und $\Delta w_{1e} = -21{,}05 \cdot 10^{-23}$ berechnet, wobei v_2 nach der empirischen Gleichung von ELIAS (*247*)

$$v_2 = 0{,}832 + 0{,}36\, M^{-0{,}5}$$

bestimmt und $V_1 \approx V_{01} = 18{,}05$ gesetzt wurde. In Kurve 1 beträgt $\Delta w_{1em} = -23{,}27 \cdot 10^{-23} (= \Delta w_{1e} + \Delta w_{1m})$, in Kurve 2 $-7{,}0 \cdot 10^{-23}$ und in Kurve 3 $-15{,}0 \cdot 10^{-23}$. Bei diesem System versagt jedoch unsere Theorie. Da wir aber bei der Ableitung eine ideal-statistische Anordnung der Moleküle in der Lösung vorausgesetzt haben, ist diese Abweichung verständlich, denn bei Systemen mit polaren Gruppen am Lösungsmittel und an der gelösten Substanz wird sicher eine Orientierung der Moleküle erfolgen.

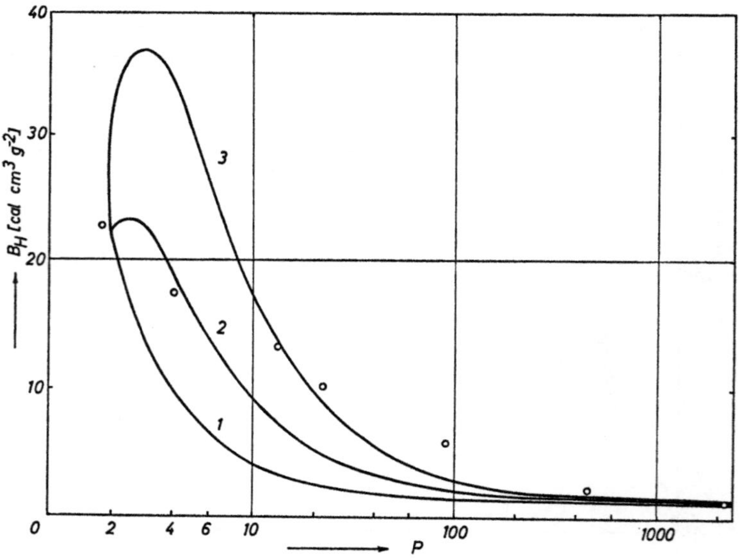

Abb. VII.13. B_H-Werte von Polyäthylenglykolen in Wasser bei 25° C in Abhängigkeit vom Polymerisationsgrad P nach A. KAGEMOTO et al. (*246*). $\Delta w_{1em} \cdot 10^{23}$ [cal]: 1. $-23{,}27$, 2. $-7{,}0$, 3. $-15{,}0$

Zur Übersicht sind die theoretischen Kurven der im vorangegangenen Abschnitt untersuchten u. a. Systeme (*139*) in Abb. VII.14 zusammengestellt. Dabei wurden die jeweils besten Kurven ausgewählt. Die zu ihrer Berechnung erforderlichen Werte enthält Tab. VII.4. Für angenähert athermische Systeme kommen wir demnach bei der Berechnung von B_H mit zwei Energieparametern aus. Im Gegensatz dazu brauchen wir drei Energieparameter bei eindeutig endothermen Systemen.

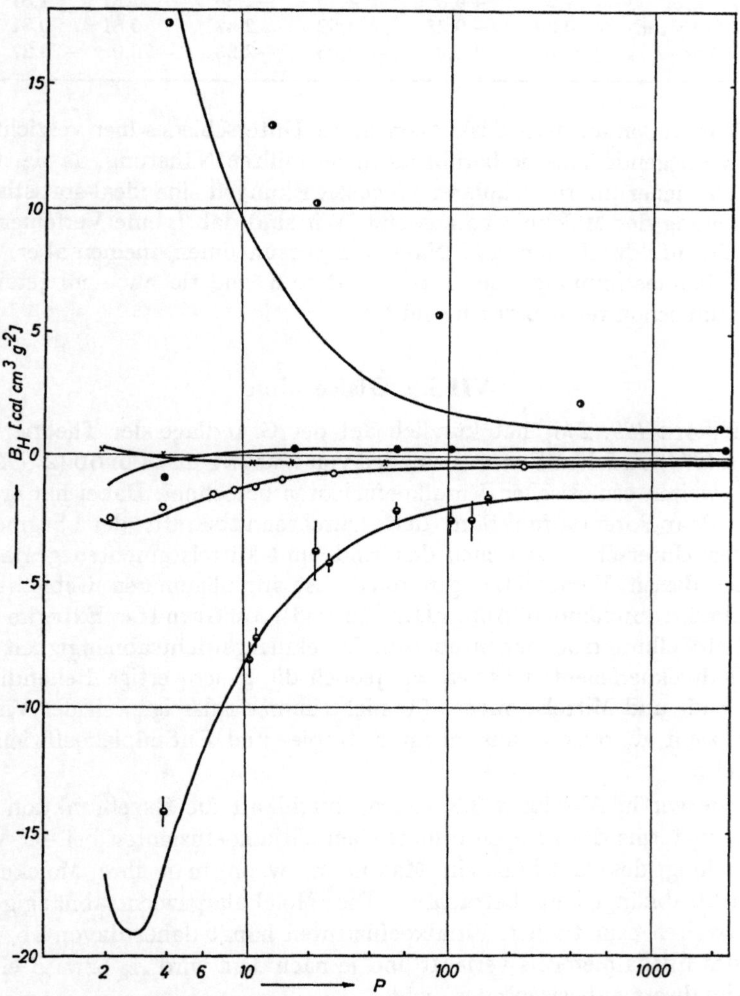

Abb. VII.14. Theoretische Kurven für den zweiten osmotischen Enthalpiekoeffizienten B_H als Funktion des Polymerisationsgrades P für die Systeme Polystyrol-Cyclohexan ◒ (*233*), Polyvinylcarbazol-Benzol ○ (*241*), Polystyrol-Benzol ● (*233*), Polymethylmethacrylat-Aceton × (*241*) und Polyäthylenglykol-Wasser ◑ (*246*)

Tabelle VII.4. *Energiewerte zur Abbildung VII.14*

System	$B_{H,P}$ [cm³ g⁻² cal]		Δw_{1e}	Δw_{1m}	Δw_{1em}	$\Delta w_{1e}+\Delta w_{1m}$
	$P = 2$	$P \to \infty$	[cal] × 10^{23}			
PST/Cyclohexan	−17,0	−2,0	17,58	63,0	250,0	80,59
PVCA/Benzol	− 2,7	−0,4	15,76	5,01	50,0	20,77
PST/Benzol	− 1,2	+0,3	4,45	−2,64	1,81	1,81
PMMA/Aceton	+ 0,35	−0,25	−1,52	2,32	0,81	0,81
PÄG/Wasser	+22,0	+1,0	−21,05	−2,23	−70,0	−23,27

Wir wollen auf eine Diskussion dieses Unterschiedes hier verzichten. Die vorliegende Theorie beruht auf einer nullten Näherung, da sie trotz verschiedener intermolekularer Wechselwirkungen eine ideal-statistische Verteilung der Moleküle voraussetzt. Wir sind dabei, eine Verfeinerung der Theorie durch eine erste Näherung vorzunehmen, meinen aber, daß die Übereinstimmung von Experiment und Theorie auch im jetzigen Zustand schon recht befriedigend ist.

VII.3.5. Diskussion

KIRSTE (*89, 248*) hat kürzlich auf der Grundlage der Theorie von ZIMM (*214*) und dem Persistenzmodell von KRATKY und POROD (*249, 250*) den zweiten osmotischen Virialkoeffizienten berechnet. Dabei hat er bei der Paar-Potentialfunktion der Durchschnittskraft der Segmente keinen Unterschied zwischen den End- und Mittelsegmenten gemacht. Unter diesen Voraussetzungen dürfte A_2 im oligomeren Gebiet kein Maximum durchlaufen (Abb. VII.2, Kurve 1). Auf Grund der Experimente und Modelluntersuchungen über die Molekulargewichtsabhängigkeit des Enthalpiekoeffizienten halten wir jedoch die gleichwertige Behandlung der End- und Mittelsegmente für nicht immer zulässig, weil der Virialkoeffizient A_2 oder B aus einem Entropie- und Enthalpiekoeffizienten besteht.

Wie wir in Abschnitt 3.3. sahen, durchläuft die Exzeßfunktion des Entropieterms des zweiten osmotischen Virialkoeffizienten bei der Verknäuelung des Moleküls ein Maximum, wenn man ihre Molekulargewichtsabhängigkeit betrachtet. Die Molekulargewichtsabhängigkeit des zweiten osmotischen Virialkoeffizienten hängt daher davon ab, wie die des Enthalpieterms verläuft und je nach dem wird A_2 bzw. B einen Maximalwert aufweisen oder nicht.

Nachdem Konformationuntersuchungen der Oligomeren und Berücksichtigung des Einfluß der Endgruppen zu einer qualitativen Beschreibung der Molekulargewichtsabhängigkeit des Enthalpieterms führten, scheint es jetzt notwendig zu sein, die Molekulargewichtsabhängigkeit des Entropiekoeffizienten auf Grund von Konformationsuntersuchungen an Modellen noch genauer zu berechnen. Neben der intramolekularen Kontaktzahl *C* muß dabei auch die geometrische Gestalt der oligomeren Moleküle berücksichtigt werden, was vorausgesetzt, den sog. Kombinationsfaktor des Systems, der die Zahl der unterscheidbaren Konformationen angibt, exakter zu konstrurieren (*251*, *252*). Experimentell ist es erforderlich, sowohl Untersuchungen des B-Wertes als auch des B_H-Wertes gleichzeitig an einem System vorzunehmen.

Tabelle VII.5. *Zweiter osmotischer Virialkoeffizient B von Polystyrolen mit Trichlortriphenylmethylendgruppen in Naphthalin* (*254*)

Präparat	*M* Kryoskopisch	*M* Cl-Bestimmung[a]	*B* [atm · cm⁶ · g⁻²]
1	1200	1300	36
2	1500	2100	72
3	2900	5800	58

[a] Berechnet unter der Annahme, daß die Endgruppen beider Kettenenden die Trichlortriphenylmethylgruppe besitzen.

Der Endgruppeneinfluß auf den zweiten osmotischen Virialkoeffizienten wurde bisher unseres Wissens experimentell selten untersucht. Unzulängliche Messungen an oligomeren Styrolen mit markanten Endgruppen

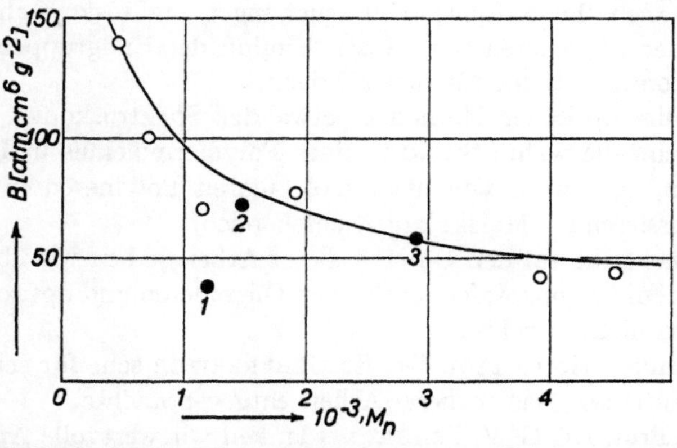

Abb. VII.15. Zweiter osmotischer Virialkoeffizient von Polystyrolen in Naphthalin (*253*). ● Trichlortriphenylmethylendgruppen, ○ Thermisch polymerisiert, —— $B = RTA_2 = RT\left[\frac{0{,}10}{M^{0,5}} + 1{,}7 \cdot 10^{-4}\right]$

weisen aber deutlich auf einen Einfluß dieser Gruppen hin (*253*) (Tab. VII.5 und Abb. VII.15). Nach OHNUMA et al. (*255*) zeigen Messungen an polymeren Styrolen mit polaren Endgruppen (Carboxylgruppen), daß die Endgruppen die thermodynamischen Eigenschaften bis zu einem Molekulargewicht von $5 \cdot 10^5$ beeinflussen.

VIII. Schlußbetrachtung

Die hydrodynamischen und thermodynamischen Eigenschaften Polymerer in Lösung ändern sich mit dem Molekulargewicht. Wir haben die Grenzviskositätszahl und den zweiten osmotischen Virialkoeffizienten diskutiert und konnten zeigen, daß bis zu niedrigen Polymerisationsgraden eine einheitliche Beschreibung der hydrodynamischen und thermodynamischen Eigenschaften mit Hilfe der Gleichungen (VI.19) und (VII.3) möglich ist. Bei sehr niedermolekularen Polymeren stimmen die beiden Gleichungen jedoch nicht mehr mit den experimentellen Tatsachen überein.

Die Abweichungen der Gleichung (VI.19) führen wir auf den Einfluß der Endgruppen zurück, nachdem wir das Viskositätsverhalten niedermolekularer Flüssigkeiten untersucht haben. Die Abweichungen von der Gleichung (VII.3) erklären sich aus der Molekulargewichtsabhängigkeit des Entropie- und Enthalpieterms des zweiten osmotischen Virialkoeffizienten, die von der Verknäuelung und den Endgruppen der Moleküle beeinflußt wird. Bei der Deutung der Abweichungen von den Gleichungen (VI.19) und (VII.3) gilt es jedoch zu bedenken, daß selbst diese Gleichungen für Oligomere nicht genügend fundiert sind.

Die Ergebnisse der Arbeit weisen darauf hin, daß es notwendig sein wird, bei allen theoretischen Untersuchungen makroskopischer Eigenschaften der Oligomeren sowohl den Einfluß der Endgruppen als auch den der Konformation zu berücksichtigen.

Mit Hilfe optischer Methoden, etwa der Spektroskopie, müßte es möglich sein, die wahre Struktur eines Polymermoleküls in Lösung zu bestimmen, zumindest von niedermolekularen Polymeren in dem uns hier interessierenden Molekulargewichtsbereich.

Mit Rücksicht auf den Umfang dieser Arbeit haben wir über Untersuchungen an Oligopeptiden, cyclischen Oligomeren und optisch aktiven Oligomeren nicht berichtet.

Wir danken Herrn Prof. Dr. K. UEBERREITER sehr für seine Kritik und sein Interesse, das er dieser Arbeit entgegenbrachte.

Herrn Prof. Dr. G. V. SCHULZ verdanken wir wertvolle Anregungen und die Möglichkeit, über unser Arbeitsgebiet an dieser Stelle berichten zu können.

Unseren Kollegen danken wir für ihre Unterstützung.

IX. Literatur

1. SOTOBAYASHI, H., and J. SPRINGER: Kobunshi Kagaku 15, 478 (1966).
2. Nomenklaturkommission. Makromol. Chem. 38, 1 (1960).
3. ZAHN, H., u. G. B. GLEITSMANN: Angew. Chem. 75, 772 (1963).
4. IUPAC; J. Polymer Sci. 8, 257 (1952).
5. NAKAJIMA, A.: Kobunshi Kagaku 3, 612 (1954).
6. SHINOHARA, K.: Kobunshi Kagaku 12, 291 (1964).
7. TUCHIDA, A.: Synopses of Eng. Papers, Waseda Univ. 12, 50 (1963).
8. AOMURA, K.: Kobunshi Kagaku 14, 750 (1965).
9. SCHULZ, G. V., R. DEUSSEN u. A. G. R. SCHULZ: Makromol. Chem. 69, 47 (1963).
10. — K. C. BERGER u. A. G. R. SCHULZ: Z. Elektrochem. 81, 856 (1965).
11. SOTOBAYASHI, H., u. A. KAMETAKA: Unveröffentlicht.
12. DETERMANN, U.: Angew. Chem. 76, 635 (1964).
13. MOORE, J. C.: J. Polymer Sci. A2, 835 (1964).
14. — and J. G. HENDRICKSON: J. Polymer Sci. C8, 233 (1965).
15. MALEY, L. E.: J. Polymer Sci. C8, 253 (1965).
16. JOHNSON, J. F., R. S. PORTER, and M. J. R. CANTOW: Rev. Macromol. Chem. 1 (2), 393 (1966).
17. HEITZ, W., u. W. KERN: Angew. Makromol. Chem. 1, 150 (1967).
18. DETERMANN, H.: Gelchromatographie. Berlin-Heidelberg-New York: Springer 1967.
19. MEYERHOFF, G.: Z. Elektrochem. 69, 866 (1965).
20. SOTOBAYASHI, H., S. L. LIE, J. SPRINGER u. K. UEBERREITER: Makromol. Chem. 111, 172 (1968).
21. SPRINGER, J., S. L. LIE, F. ASMUSSEN, H. SOTOBAYASHI u. K. UEBERREITER: Unveröffentlicht.
22. Waters Associates Inc. ,Framingham, Mass. 01701, U.S.A.
23. MEYERHOFF, G., u. S. SHIMOTSUMA: Makromol. Chem. 109, 263 (1967).
24. ROTHE, I., u. M. ROTHE: Chem. Ber. 88, 284 (1955).
25. ROTHE, M.: J. Polymer Sci. 30, 227 (1958).
26. FRANK, W.: Chemiker-Z. Heft Nr. 10 vom 20. Mai 1963.
27. KUTSCHE, H. D.: Chemiker-Z./Chem. Apparatur 86, 365 (1963).
28. FRANK, W., and D. KUTSCHE: Anal. Chem. 36, 2167 (1964).
29. Moderner 10-Stufen Apparat der Vitamins Lit. (Upper Mall, London W6).
30. MEYERHOFF, G.: Makromol. Chem. 12, 61 (1954).
31. BOTTINO, F., A. LOVULLO e G. MONTANDO: Ann. Chim. (Rome) 54, 718 (1964).
32. BRUCK, S. D., and H. E. BAIR: Polymer 6, 447 (1965).
33. BURGE, D. E.: J. Phys. Chem. 67, 2590 (1963).
34. CANTOW, M. J. R., R. S. PORTER, and J. F. JOHNSON: J. Polymer Sci. A2, 2547 (1964).
35. CHYLEWSKI, CH., u. W. SIMON: Helv. Chim. Acta 47, 515 (1964).
36. VAN DAM, J.: Rec. Trav. Chim. 83, 129 (1964).
37. KUME, SH., u. H. KOBAYASHI: Makromol. Chem. 79, 1 (1964).
38. MILIĆEVIĆ, B.: Helv. Chim. Acta 47, 2059 (1964).
39. MONTANDO, G., et F. ROMANO: Chim. Ind. (Paris) 47, 3 (1965).
40. SIMON, W., u. C. TOMLINSON: Chimia (Aarau) 14, 301 (1960).
41. TOMLINSON, C., CH. CHYLEWSKI, and W. SIMON: Tetrahedron 19, 949 (1963).
42. — Mikrochim. Acta 3, 457 (1961).
43. WHATLEY, A.: Facts Methods Sci. Res. 7, 10 (1966).
44. KAMIDE, K.: Kobunshi Kagaku 17, 1144 (1968).
45. BORAMAN, R. S., u. A. D. CAMPBELL: Analyt. Chim. Acta 26, 496 (1962).

46. DAILEY, G. W., R. B. HUFF, J. KANG, L. D. QUEEN, and C. S. PATTERSON: J. Chem. Educ. **38**, 28 (1961).
47. HAYER, H.: Angew. Chem. **73**, 465 (1965).
48. JONÁŠ, J., J. KÁNSKY and O. KNESSL: Collection Czech. Chem. Commun. **26**, 2073 (1961).
49. ŠOLE, K.: Collection Czech. Chem. Commun. **29**, 36 (1964).
50. — and E. ERDÖS: Collection Czech. Chem. Commun. **29**, 24 (1964).
51. TRUTNOVSKY, H.: Mikrochim. Acta **6**, 1052 (1964).
52. ARNETT, R. L., M. E. SMITH, and B. O. BUELL: J. Polymer Sci. **A1**, 2753 (1963).
53. SCHULZ, G. V., u. H. MARZOLPH: Z. Elektrochem. **58**, 211 (1958).
54. DOUCET, Y.: Techniques Modernes et Applications de la Cryometrie. Paris: Donot 1959.
55. GLOVER, C. A., and R. R. STANLEY: Analyt. Chem. **33**, 447 (1961).
56. — and J. E. KIRN: J. Polymer Sci. **B3**, 27 (1965).
57. DANIELS, T., and R. S. LEHRLE: IUPAC International Symposium on Macromolecular Chemistry, Prag (1965), Preprint 580.
58. MÜH, G.: Kolloid-Z. u. Z. Polymere **200**, 25 (1964).
59. LEHRLE, R. S.: Progr. High Polymers **1**, 37 (1961).
60. TUTORSKIJ, J. A., E. POTAPOV i CH. S. KAMALETDINOV: Zavod. Labor. (Moskau) **31**, 241 (1965).
61. UEBERREITER, K., u. H. SOTOBAYASHI: Makromol. Chem. **59**, 71 (1963).
62. MÜLLER, H.: Diplomarbeit, Technische Universität Berlin (1967).
63. SHINOHARA, I., E. TSUCHIDA, and T. KAWATA: Kobunshi Kagaku **17**, 1152 (1968).
64. MEYERHOFF, G.: Z. Elektrochem. **61**, 325, 1249 (1957).
65. SCHULZ, G. V.: In: HOUBEN-WEYL: Physikalische Methoden der Organischen Chemie, Bd. III/1. Stuttgart: G. Thieme 1955.
66. HELLFRITZ, H., u. H. KRÄMER: Kunststoffe **46**, 450 (1956).
67. — — u. W. SCHMIEDER: Kunstostffe **49**, 391 (1959).
68. REIF, R.: J. Lab. Clin. Med. **53**, 291 (1959).
69. ROLFSON, F. B., and H. COLL: Anal. Chem. **36**, 888 (1964).
70. FEIST, W. C.: J. Polymer Sci. **B3**, 875 (1965).
71. KAWAI, T., and S. SHIOZAKI: Kobunshi Kagaku **17**, 1132 (1968).
72. MÜLLER, E.: In: HOUBEN-WEYL: Methoden der organischen Chemie, Analytische Methode, Bd. II. Stuttgart: G. Thieme, 1955.
73. KLINE, G. H.: High polymers, Vol. XII, Part III, Analytical Chemistry of Polymers, p. 397. New York: Interscience Publ. 1962.
74. MARK, H.: Light scattering in polymer solution. Frontiers in chemistry, Vol. V. New York: Interscience Publ. 1948.
75. STUART, H. A.: Physik der Hochpolymeren, Bd. I und II. Berlin-Göttingen-Heidelberg: Springer 1953.
76. — In: HOUBEN-WEYL: Physikalische Methoden der Organischen Chemie, Bd. III/2. Stuttgart: G. Thieme 1955.
77. STACEY, K. A.: Light scattering in physical chemistry. London: Butterworths Sci. Publ. 1956.
78. PETERLIN, A.: Progr. Biophys. Biophys. Chem. **9**, 176 (1959).
79. HOSEMANN, R.: Ergeb. Exakt. Naturwiss. **24**, 142 (1951).
80. KRATKY, O., u. G. POROD: Röntgenkleinwinkelstreuung von makromolekularen Lösungen. In: STUART, H. A.: Physik der Hochoplymeren, Bd. II. Berlin-Göttingen-Heidelberg: Springer 1953.
81. POROD, G.: Fortschr. Hochpolym.-Forsch. **2**, 363 (1961).
82. KRATKY, O.: Progr. Biophys. Biophys. Chem. **13**, 105 (1963).
83. — u. H. SAND: Kolloid-Z. **172**, 18 (1960).

84. KIRSTE, R. G., u. O. KRATKY: Z. Physik. Chem. N **31**, 363 (1962).
85. — Z. Physik. Chem. N **42**, 351, 358 (1964).
86. — u. W. WUNDERLICH: Makromol. Chem. **87**, 60 (1965).
87. — and W. WUNDERLICH: J. Polymer Sci. B **3**, 851 (1965).
88. WUNDERLICH, W.: Makromol. Chem. **108**, 315 (1967).
89. KIRSTE, R. G., u. W. WUNDERLICH: Z. Physik. Chem. N **58**, 133 (1968).
90. SAITO, T.: Kobunshi Kagabu **17**, 1136 (1968).
91. WADA, E.: Kobunshi Kagabu **17**, 1072 (1968).
92. MEYERHOFF, G.: In: HOUBEN-WEYL: Physikalische Methoden der Organischen Chemie, Bd. III/1. Stuttgart: G. Thieme 1955.
93. ELIAS, H.-G.: Theorie und Praxis der Ultrazentrifugen Technik. München: Beckman Instruments GmbH 1958.
94. UTIYAMA, H.: Kobunshi Kagabu **17**, 1120 (1968).
95. MEYERHOFF, G.: Fortschr. Hochpolym.-Forsch. **3**, 59 (1961).
96. KURATA, M., u. W. H. STOCKMAYER: Fortschr. Hochpolym.-Forsch. **3**, 196 (1963).
97. SUGIURA, Y.: Kobunshi Kagabu **17**, 1115 (1968).
98. TERAMOTO, E., M. KURATA, R. CHUJO, C. SUZUKI, K. TANI, and T. KAJIKAWA: J. Phys. Soc. (Japan) **10**, 935 (1955).
99. FISCHER, M. E., and M. F. SYKES: Phys. Rev. **114**, 45 (1959).
100. MARTIN, J.: Proc. Cambridge Phil. Soc. **58**, 92 (1962).
101. FISCHER, M. E., and B. J. HILEY: J. Chem. Phys. **34**, 1253 (1961).
102. SYKES, M. F.: J. Math. Phys. **2**, 52 (1961).
103. DOMB, C., and M. F. SYKES: J. Math. Phys. **2**, 63 (1961).
104. HILEY, B. J., and M. F. SYKES: J. Chem. Phys. **34**, 1531 (1961).
105. DOMB, C.: J. Chem. Phys. **38**, 2957 (1963).
106. SMITH, R. P.: J. Chem. Phys. **40**, 2693 (1964).
107. DOMB, C., J. GILLIS, and G. WILMERS: Proc. Phys. Soc. London **85**, 625 (1965).
108. WALL, F. T., L. A. HILLER, and D. J. WHEELER: J. Chem. Phys. **22**, 1036 (1954).
109. ROSENBLUTH, M. N., and A. W. ROSENBLUTH: J. Chem. Phys. **23**, 356 (1955).
110. WALL, F. T., L. A. HILLER, and W. F. ATCHINSON: J. Chem. Phys. **23**, 913, 2314 (1955).
111. — — — J. Chem. Phys. **26**, 1742 (1957).
112. —, R. J. RUBIN, and L. M. ISAACSON: J. Chem. Phys. **27**, 186 (1957).
113. —, and J. J. ERPENBECK: J. Chem. Phys. **30**, 634, 637 (1959).
114. —, and J. MAZUR: Ann. N.Y. Acad. Sci. **89**, 608 (1961).
115. —, S. WINDWER, and P. J. GANS: J. Chem. Phys. **37**, 1461 (1962).
116. SMITH, R. P.: J. Chem. Phys. **38**, 1463 (1963).
117. WALL, F. T., S. WINDWER, and P. J. GANS: J. Chem. Phys. 38, 2220, 2228 (1963).
118. — — — Methods in computational physics, Vol. I, S. 217. New York: Academic Press Inc., 1963.
119. FLUENDY, M. A. D.: Trans. Faraday Soc. **59**, 1681 (1963).
120. HEINE, S.: Makromol. Chem. **71**, 86 (1964).
121. GANS, P. J.: J. Chem. Phys. **42**, 4159 (1965).
122. WINDWER, S.: J. Chem. Phys. **43**, 115 (1965).
123. MARK, P., and S. WINDWER: J. Chem. Phys. **47**, 708 (1967).
124. KRON, A. K., i O. B. PTITSYN: Vysokomolekul. Soyedin. **6**, 862 (1964); Polymer Sci. U.S.S.R. **6**, 949 (1964).
125. — Vysokomolekul. Soyedin. **7**, 1228 (1965); Polymer Sci. U.S.S.R. **7**, 1361 (1965).
126. —, i O. B. PTITSYN: Vysokomolekul. Soyedin. A **9**, 759 (1967); Polymer Sci. U.S.S.R. **9**, 847 (1967).

127. EYRING, H.: Phys. Rev. **39**, 746 (1932).
128. FOUSS, R. M., and J. G. KIRKWOOD: J. Am. Chem. Soc. **63**, 385 (1941).
129. WALL, F. T.: J. Chem. Phys. **11**, 67 (1943).
130. BENOIT, H.: J. Polymer Sci. **3**, 376 (1948).
131. STAVERMAN, A. T.: Thermodynamics of polymers. In: FLÜGGE, S.: Handbuch d. Physik, Bd. XIII. Berlin-Göttingen-Heidelberg: Springer 1962.
132. ZIMM, B. H., and W. H. STOCKMAYER: J. Chem. Phys. **17**, 1301 (1949).
133. PETERLIN, A.: Ann. N.Y. Acad. Sci. **89**, 578 (1961).
134. BENOIT, H., and P. DOTY: J. Chem. Phys. **57**, 958 (1953).
135. FLORY, P. J.: J. Chem. Phys. **17**, 303 (1949).
136. —, and T. G. FOX: J. Am. Chem. Soc. **73**, 1904 (1951).
137. ORR, W. J. C.: Trans. Faraday Soc. **43**, 12 (1947).
138. MAZUR, J., and L. JOSEPH: J. Chem. Phys. **38**, 1292 (1963).
139. SOTOBAYASHI, H.: Makromol. Chem. **123**, 157 (1969).
140. EINSTEIN, A.: Ann. Physik. **19**, 289 (1906); **34**, 598 (1911).
141. EISENSCHITZ, E.: Z. Physik. Chem. A**158**, 78 (1932).
142. PETERLIN, A.: Z. Physik. **111**, 232 (1938).
143. — Kolloid-Z. **86**, 230 (1939).
144. KUSS, E., u. H. A. STUART: Z. Naturforsch. 3a, 204 (1948).
145. KUHN, W.: Kolloid-Z. **68**, 2 (1934).
146. MARK, H.: Entstehung und Eigenschaften hochpolymerer Festkörper, erschienen in „Der feste Körper". Vorträge auf der Tagung der Physikalischen Gesellschaft Zürich anläßlich der Feier zu ihrem 50jährigen Bestehen. Leipzig: Hirzel-Verlag (1938).
147. HOUWINK, R. R.: J. Prakt. Chem. **157**, 15 (1940).
148. SAKURADA, I.: Kasen Koen Shu (Japan) **5**, 33 (1940); **6**, 177 (1941).
149. MEYERHOFF, G.: Z. Physik. Chem. N**4**, 335, 346 (1955).
150. Polymethacrylsäuremethylester in Benzol und Polyisobutylen in Diisobutylen (**149**), Polyäthylenoxide in Benzol (**151**), Polymethacrylate in Chloroform, Dioxan, Äthylacetat, Aceton und Butylacetat (**152**).
151. ROSSI, C., and V. MAGNASCO: J. Polymer Sci. **58**, 977 (1962).
152. SCHULZ, G. V.: J. Polymer Sci. **29**, 138 (1958).
153. COHN-GINSBERG, E., T. G. FOX, and H. F. MASON: Polymer **3**, 97 (1962).
154. BAILEY, F. E., J. L. KUCERD, and L. G. IMHOF: J. Polymer Sci. **32**, 517 (1958).
155. MÜH, G.: Kolloid-Z. **196**, 140 (1964).
156. ROSSI, C., and E. BIANCHI: J. Polymer Sci. **41**, 189 (1959).
157. —, U. BIANCHI u. E. BIANCHI: Makromol. Chem. **41**, 31 (1960).
158. BIANCHI, U.: Makromol. Chem. **41**, 40 (1960).
159. —, M. DALPLAZ, u. E. PATRONE: Makromol. Chem. **80**, 112 (1964).
160. PATRONE, E., u. U. BIANCHI: Makromol. Chem. **94**, 52 (1966).
161. OKADA, R., Y. TOYOSHIMA u. H. FUJITA: Makromol. Chem. **59**, 137 (1963).
162. FLORY, P. J.: Principles of polymer chemistry. Ithaca, N.Y.: Cornell Univ. Press 1953.
163. —, and T. G. FOX: J. Polymer Sci. **5**, 745 (1950).
164. FOX, T. G., and P. J. FLORY: J. Phys. Chem. **53**, 197 (1949).
165. STOCKMAYER, W. H.: Makromol. Chem. **35**, 54 (1960).
166. ZIMM, B. H., W. H. STOCKMAYER, and M. FIXMAN: J. Chem. Phys. **21**, 1716 (1953).
167. KIRKWOOD, J. G.: J. Chem. Phys. **3**, 300 (1935).
168. MÜNSTER, A.: Statistische Thermodynamik, Kap. 8. Berlin-Göttingen-Heidelberg: Springer 1956.
169. FLORY, P. J.: J. Chem. Phys. **17**, 1347 (1949).
170. —, and W. R. KRIGBAUM: J. Chem. Phys. **18**, 1086 (1950).

171. Ptitsyn, O. B.: Vysokomolekul. Soyedin. 3, 1673 (1961).
172. James, H. M.: J. Chem. Phys. 21, 1628 (1953).
173. Kurata, M., W. H. Stockmayer, and A. Roig: J. Chem. Phys. 33, 151 (1960).
174. Fixman, M.: J. Chem. Phys. 23, 1656 (1955); 36, 3123 (1962).
175. Forsman, W. C., and R. E. Hughes: J. Chem. Phys. 38, 2118, 2123 (1963).
176. Kurata, M.: J. Polymer Sci. 6, 1607 (1968).
177. Fujita, H., K. Okita, and T. Norisuye: J. Chem. Phys. 47, 2723 (1967).
178. Kurata, M., and H. Yamakawa: J. Chem. Phys. 29, 311 (1958).
— —, and E. Teramoto: J. Chem. Phys. 28, 785 (1958).
179. Ptitsyn, O. B., i Yu. E. Eizner: Zhur. Fiz. Khim. 32, 2464 (1958); 29, 1117 (1959).
180. Kurata, M., H. Yamakawa u. Y. Uchiyama: Makromol. Chem. 34, 139 (1959)
181. Ullman, R.: J. Chem. Phys. 40, 2193 (1964).
182. Krigbaum, W. R., and D. K. Carpenter: J. Phys. Chem. 59, 1166 (1955).
183. Schulz, G. V.: Makromol. Chem. 35, 99 (1960).
184. Kurata, M., M. Fukatsu, H. Sotobayashi, and H. Yamakawa: J. Chem. Phys. 41, 139 (1964).
185. Kirkwood, J. G., and J. Riseman: J. Chem. Phys. 16, 565 (1948).
186. Debye, P., and A. M. Bueche: J. Chem. Phys. 16, 573 (1948).
187. Yamakawa, H.: Kobunshi Kagaku 14, 54 (1965).
188. Burchard, W.: Makromol. Chem. 50, 20 (1961).
189. Stockmayer, W. H., and M. Fixman: J. Polymer Sci. C1, 137 (1963).
190. Marx-Figini, M., u. G. V. Schulz: Makromol. Chem. 54, 102 (1962).
191. Kern, W., W. Gruber, W. Heitz, H. O. Wirth u. I. Ziegler: Makromol. Chem. 51, 1 (1962).
192. Sadron, C., and P. Rempp: J. Polymer Sci. 29, 127 (1958).
193. Elias, H. G., u. H. P. Lys: Makromol. Chem. 80 229 (1964).
194. Adank G. u. H.-G. Elias: Makromol. Chem. 102, 151 (1967).
195. Stuart, H. A.: Z. Naturforsch. 3a, 196 (1948).
196. Tamura, M., and M. Kurata: Bull. Chem. Soc. Japan 25, 32 (1952).
197. Dolezalek, F.: Z. Physik. Chem. 83, 73 (1913).
198. van der Wijk, A. J. A.: Nature 138, 845 (1936).
199. Bearman, R. J., and P. F. Jones: J. Chem. Phys. 33, 1432 (1960).
200. International Critical Tables, Vol. 5, p. 22. New York: McGraw-Hill Book Comp. 1927.
201. Timmermans, J.: Physico-chemical constants of binary systems, Vol. 2, p. 56. New York: Interscience 1959.
202. Fort, R. J., and W. R. Moore: Trans. Faraday Soc. 62, 1112 (1966).
203. Peterlin, A.: ACS Polymer Preprints 9, 323 (1968).
204. Einstein, A.: Ann. Physik 17 549 (1905).
205. Baldwin R. L., u. K. E. van Holde: Fortschr. Hochpolym.-Forsch. 1, 451 (1960).
206. Mandelkern, L., and P. J. Flory: J. Chem. Phys. 20, 212 (1952).
207. Rempp, P.: J. Chim. Phys. 54, 432 (1957).
208. Rossi, C., U. Bianchi, and V. Magnasco: J. Polymer Sci. 30, 175 (1958).
209. — — and E. Pedemonte: IUPAC International Symposium on Makromolecular Chemistry in Prag (1965).
210. Schulz, G. V., and H. Craubner: J. Polymer Sci. 28, 462 (1958).
211. —, and A. Münster: IUPAC International Symposium on Makromolecular Chemistry in Wiesbaden (1959).
212. Ishihara, A., and R. Koyama: J. Chem. Phys. 25, 712 (1956).
213. Koyama, R.: J. Polymer Sci. 35, 247 (1959).

214. Zimm, B. H.: J. Chem. Phys. **14**, 164 (1946).
215. Münster, A.: Makromol. Chem. **2**, 227 (1948).
216. — Trans. Faraday Soc. **49**, 1 (1953).
217. — Statistische Thermodynamik hochmolekularer Lösungen. In: Stuart, H. A. Physik der Hochpolymeren, Bd. II. Berlin-Göttingen-Heidelberg: Springer **1953**.
218. Sotobayashi, H., u. K. Ueberreiter: Z. Elektrochem. **66**, 838 (1962).
219. — — J. Polymer Sci. A**2**, 1257 (1964).
220. — — Z. Elektrochem. **67**, 178 (1963).
221. Kemp, A. R., and H. Peters: Ind. Eng. Chem. **34**, 1097 (1942).
222. Schulz, G. V., u. H. Marzolph: Z. Elektrochem. **58**, 211 (1954).
223. Krigbaum, W. R., and P. J. Flory: J. Am. Chem. Soc. **75**, 1778 (1953).
224. Bawn, E. H., R. F. J. Freeman, and A. R. Kamaliddin: Trans. Faraday Soc. **46**, 862 (1952).
225. Schulz, G. V., u. H. Hellfritz: Z. Elektrochem. **57**, 825 (1953).
226. Cantow, H. J., u. G. V. Schulz: Z. Physik. Chem. N**2**, 117 (1954).
227. Schulz, G. V., u. H. Craubner: Z. Elektrochem. **63**, 301 (1959).
228. Krigbaum, W. R.: J. Am. Chem. Soc. **76**, 3760 (1954).
229. Albrecht, A. C.: J. Chem. Phys. **27**, 1002 (1957).
230. Orofino, T. A., and P. J. Flory: J. Chem. Phys. **26**, 1067 (1959).
231. Casassa, E. F., and H. Markovitz: J. Chem. Phys. **29**, 493 (1959).
232. Schulz, G. V., u. H. Doll: Z. Elektrochem. **56**, 248 (1952); **57**, 841 (1953).
233. — — — u. A. Horbach: Z. Physik. Chem. N**22**, 377 (1959).
234. Springer, J., K. Ueberreiter u. E. Möller: Z. Elektrochem. **69**, 494 (1965).
235. Kamide, K.: Chem. High Polymers (Japan) **25**, 648 (1968).
236. Meyerhoff, G., u. U. Moritz: Makromol. Chem. **109**, 143 (1967).
237. Sato, H., and T. Nakamura: J. Chem. Soc. (Japan) **86**, 168 (1965).
238. Müh, G.: Z. Elektrochem. **68**, 445 (1964).
239. Kurata, M.: Ann. N.Y. Acad. Sci. **89**, 635 (1961).
240. Sotobayashi, H.: Makromol. Chem. **81**, 56 (1965).
241. Bruns, W., F. Mehdorn, K. Mirus u. K. Ueberreiter: Kolloid-Z., Z. Polymere **224**, 17 (1968).
242. Gragg, W. L., and E. J. Williams: Proc. Roy. Soc. London A**145**, 699 (1934); A**151**, 540 (1935).
243. Tompa, H.: Polymer solutions. London: Butterworths Sci. Publ. 1956.
244. Guggenheim, E. A.: Mixtures. Oxford: Clarendon Pr. 1952.
245. Ueberreiter, K., u. G. Kanig: Z. Naturforsch. **6**a, 551 (1951).
246. Kagemoto, A., S. Murakami u. R. Fujishiro: Makromol. Chem. **105**, 154 (1967).
247. Elias, H.-G.: Makromol. Chem. **103**, 214 (1967).
248. Kirste R. G.: IUPAC International Symposium on Makromolecular Chemistry in Japan (1966).
249. Kratky, O., et G. Porod: Rec. Trav. Chim. Pays-Bas **68**, 1106 (1949).
250. Heine, S., O. Kratky u. J. Repert: Makromol. Chem. **56**, 150 (1962).
251. Guggenheim, E. A., and M. L. McGlashan: Proc. Roy. Soc. (London) A**203**, 435 (1950).
252. Kurata, M., M. Tamura, and T. Watari: J. Chem. Phys. **23**, 991 (1955).
253. Sotobayashi, H., and K. Ueberreiter: U.S. Dept. Com., Office Tech. Serv., AD262953, 9pp (1961); Chem. Abst. **58**, 974b (1963).
254. Ueberreiter, K., u. U. Rohde-Liebenau: Makromol. Chem. **49**, 164 (1961).
255. Ohnuma, H., K. Igi, T. Kotaka, and H. Inagaki: Bull. Inst. Chem. Res., Kioto Univ. **44**, 1 (1966).

Eingegangen am 25. Februar 1969

Adv. Polymer Sci., Vol. 6, pp. 549–574 (1969)

Isomorphism in Synthetic Macromolecular Systems

G. ALLEGRA and I. W. BASSI

Istituto di Chimica Industriale, Politecnico di Milano, Italia
Montecatini Edison SpA., Centro Ricerche di Milano, via Giuseppe Colombo 81, Milano, Italia

Table of Contents

A. Foreword

Isomorphism in macromolecular systems may be defined as the statistical substitution, within a single crystalline phase, between monomer units differing either in chemical structure or in conformation or in configuration. The distribution of the different monomer units needs not to be totally random. As we shall see, there are examples of isomorphous systems consisting of a mixture of different homopolymer chains. In these cases the randomness is confined to the macromolecules and is not extended to the monomer units by themselves (*1*, *2*). There are systems containing two (or more) types of monomer units where a unique crystal structure is observed for every composition. In other cases more than one crystalline phase containing both types of units is detected, depending on the composition and/or thermal or mechanical treatments. Following NATTA (*1*), we shall indicate the phenomenon of the first type as *isomorphism in a strict sense* and that of the second type as *isodimorphism* or *isopolymorphism*. It is apparent that our introductory definition of isomorphism is general in that it applies to both cases; in the general meaning we will also use the equivalent terms *isomorphous replacement* and *cocrystallization*.

BUNN and PEISER (*3*) first recognized macromolecular isomorphism in synthetic materials in the case of the ethylene/vinyl alcohol copolymers and in polyvinylalcohol itself. Successively, they suggested this possibility also for natural rubber. Subsequently, many other examples of macromolecular isomorphism were described. We shall see in the following that they refer mainly to stereoregular vinyl polymers and copolymers, fluorinated polymers and copolymers, copolyamides, and polyesters. In this review we shall refer only to synthetic materials, excluding therefore such important examples of isomorphism as those occurring in polypeptides and polynucleotides.

B. Requirements for Isomorphism

The most important conditions to be fulfilled in order to have isomorphism in a macromolecular system are:

i) the different types of monomer units must approximately have the same shape, and occupy the same volume, and

ii) the same chain conformation must be compatible with either of them.

As examples related to the first requirement, a hydrogen atom on a carbon chain may be replaced by a fluorine or by a hydroxyl group; a pair of hydrogen atoms may be replaced by an oxygen atom (*3*). This requirement is similar to that holding for solid solutions in ionic or metallic crystals, but the degree of tolerance seems to be much wider in the macromolecular field, probably because of the larger degree of imperfection existing in the polymer crystals.

The second requirement is perhaps best illustrated by the cases of isomorphism in isotactic vinyl copolymers (*1*, *2*, *4*, *5*, *6*); only if the helical conformations of the two crystalline homopolymers are not too different, a regular helical conformation is also possible for the copolymer chains.

However, if we refer to isomorphism in a strict sense, an additional requirement must be met, i.e. the crystalline phases of the two homopolymers must be analogous, either from the point of view of the chain conformation, and of the lattice symmetry and dimensions. It is in fact quite obvious that only in this case a single crystalline phase is possible, with small, continuous changes with changing composition.

As well known, the crystalline structure of polymers is generally characterized by a comparatively high proportion of defects compared with the case of low molecular weight substances: these defects may be due either to chemical faults or may be simply attributed to the mechanism of crystallization. As a consequence, this means that most polymers can contain a small proportion of extraneous units in the crystal state. However, we will not consider as real cases of macromolecular isomorphism those having a concentration of either component below 5%.

The above requirements concerning geometry, conformation, and symmetry are necessary but not sufficient in order to have macromolecular isomorphism: two other important features must be satisfied. The first is a thermodynamic factor. It is generally a severe hindrance to macromolecular isomorphism, because it presupposes compatibility between two chemically different polymers. Such a compatibility is met only if the free energy of dissolution of one polymer in the other is negative or zero, i.e. if chemical affinity exists between the two polymers. The second factor concerns crystallization kinetics. It is appearent that, if the kinetics of crystallization of the two polymers, generally due to widely different melting temperatures, is very different, the two polymers will crystallize separately at different times. These two factors are a hindrance not only to the isomorphism of macromolecules, but play a role also in copolymers, in that the different copolymer chains may have slightly different composition.

C. Different Types of Macromolecular Isomorphism

We distinguish two fundamental types of macromolecular isomorphism:

I. The isomorphous monomer units are more or less randomly distributed over the same chains.

II. Mixed crystals of homopolymers are formed.

The first type will be further subdivided into three different classes:

a) the monomer units differ in chemical constitution: we are in the presence of copolymers in a strict sense;

b) the monomer units have randomly opposite configurations: this is the case of some crystalline atactic vinyl polymers;

c) the monomer units are identical throughout, but may randomly assume different conformations: this is the case of the crystalline, high-temperature stable modification of *trans*-1,4-polybutadiene (*7*).

As to type II, we will still consider two different classes:

a) chemically different homopolymer chains are present;

b) the polymer chains are stereochemically identical, but may randomly assume different orientations in the crystals.

I. The Isomorphous Monomer Units Are Spread over the Same Macromolecules

a) Isomorphism of Monomer Units Having Different Chemical Constitution

We will consider five chemical classes separately:

1. Copolymers Containing a Chain Skeleton Consisting of Carbon Atoms Only

Crystalline polymethylene copolymers containing small amounts of methyl, ethyl, or *n*-propyl side groups were investigated by several authors (*8–10*). The examination of the melting temperature vs. composition curves leads to the conclusion that a small percentage (~ 7%) of methyl groups may be incorporated into the crystal structure of orthorhombic polyethylene, whereas larger side groups are excluded from the lattice (*8*). This conclusion is substantially proved from the examination of the crystallinity and of the lattice spacings determined by *X*-rays. It is, however, sometimes impossible to exclude the presence of a small amount of side groups that are larger than the methyl group inside the crystallites. This fact seems to be due to non-equilibrium factors (*9, 10*). Some data on the variation of the unit cell constants of ethylene copolymers containing variable amounts of side groups were supplied also by COLE and HOLMES (*11*), SWAN (*12*), WALTER and REDING (*13*), and EICHHORN (*14*).

The insertion of a certain amount of chlorine atoms into the unit cells of polyethylene and of isotactic polypropylene has been observed by PLATÈ, TRAN KHEU, and SHIBAEV (*15*) by chlorination of the pure homopolymers. The unit cell constants of the two pure homopolymers increase with increasing amount of bound chlorine. The amorphisation of polyethylene is reached with a chlorine content of about 50%.

The mixed crystal formation in ethylene/vinyl alcohol copolymers was previously quoted (*3*). The examination of the X-ray data shows a different structure from both that of polyethylene and of polyvinyl-alcohol. The repeat along the chain axis is 2.5 Å, indicating a planar conformation of the macromolecules and no regularity, in the succession of the different units.

CHATANI, TAKIZAWA, MURAHASHI, SAKATA, and NISHIMURA (*16*) report a phenomenon of isomorphous replacement in various polyketones corresponding to the general formula $[(-CH_2-CH_2)_n-CO-]_p$ where $n \geqq 1$. For values of n tending to 1, new reflections gradually appear, owing to the alternating regularity along the chain axis, with an increase of the chain repeat from 2.54 to 7.57 Å. The last value corresponds to a repetition after two $-CH_2-CH_2-CO-$ units (6 chain carbon atoms). The same paper also gives a detailed description of the crystal structure of the alternating (1:1) ethylene/carbon monoxide copolymer (polyketone with n = 1): the macromolecules have a planar zig-zag conformation and their relative arrangement is analogous to that observed in orthorhombic polyethylene.

REINHARDT (*17*) and later KARGIN and MARKOVA (*18*) refer to some copolymers of vinylidene chloride with vinyl monomers; here crystallinity is observed for contents up to about 30% of the latter components.

Other halogenated copolymers, in which an isomorphous replacement is observed, were studied by LESHCHENKO, KARPOV, and KARGIN (*19, 20*) and later by NATTA, ALLEGRA, and BASSI (*21*). The former authors show that copolymers obtained from vinylidene fluoride and tetrafluoro ethylene are crystalline and show a tendency to alternance between the two types of monomer units (*19*). The same authors studied the vinylidene fluoride/hexafluoro propylene and the vinylidene fluoride/trifluorochloro ethylene copolymer systems. In the former case crystallinity is observed up to contents of about 10% of the second component, the crystal structure being that of polyvinylidene fluoride. In the latter case crystallinity disappears for vinylidene fluoride contents in the order of 16%, the observed structure being that of polytrifluorochloro ethylene (*20*).

The vinyl fluoride/vinylidene fluoride and the vinyl fluoride/tetrafluoro ethylene copolymer systems were also studied (*21*). In the first case isomorphism is observed in the whole range of compositions, while the distribution of the two types of units is random. The crystal structure is that of polyvinyl fluoride, which is virtually identical with one of the three known crystalline forms of polyvinylidene fluoride, and characterized by a planar zig-zag chain conformation. High degrees of crystallinities in the whole range of compositions are also observed in the second case. However, the crystal structure of the two pure homopolymers is not the same: hence we are in the presence of isodimorphism. In any case, for vinyl fluoride contents ranging between 0 and 75 mole-% the structure observed is essentially that of polytetrafluoro ethylene in the crystalline modification stable at high temperature, whereas the copolymers having more than 75% of vinyl fluoride could not be obtained. The unit cell dimensions of these copolymers change continuously with composition. For compositions near 50/50 a tendency to alternance between the two

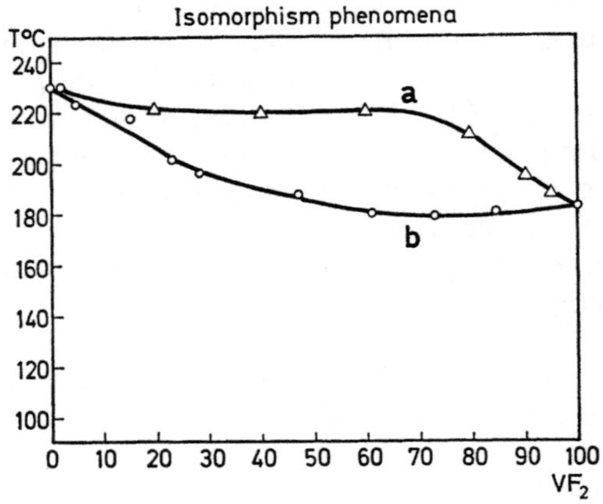

Fig. 1. Melting temperatures of (*a*) PVF_2-PVF mixtures and of (*b*) VF_2-VF copolymers (from NATTA, G., et al.: J. Polymer Sci., Part A, 3, 4263 (1965))

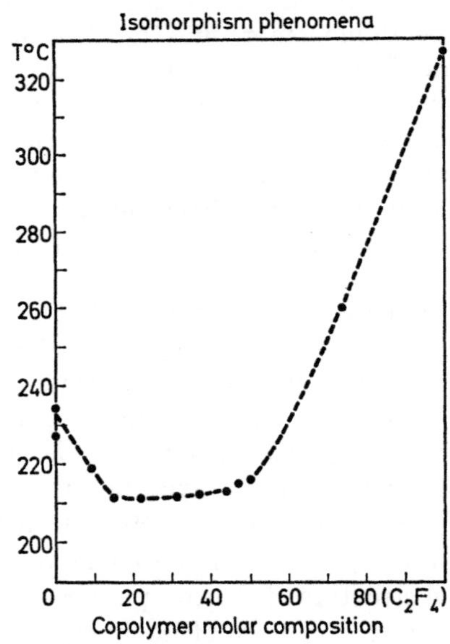

Fig. 2. Melting temperatures of crystalline VF-TFE copolymers as a function of the molar composition (from NATTA, G., et al.: J. Polymer Sci., Part A, 3, 4263 (1965))

types of units is observed, as already reported for vinylidene fluoride/tetrafluoro ethylene copolymers (*19*). For both copolymer systems under discussion the melting temperatures in dependence on the composition were examined (Fig. 1 and 2). In the first case they are intermediate between those of the two pure homopolymers; in the second case they exhibit a broad minimum at vinyl fluoride contents of ~45% (*21*).

The cocrystallization of different units in stereoregular copolymers of α-olefins is of particular interest. In these cases the distribution of the different monomer units is generally random, although both the steric configuration of the chain backbone and its helical conformation keep regular.

Reding and Walter (*4*) described one case of isodimorphism found in the 3-methyl-1-butene/4-methyl-1-pentene copolymers.

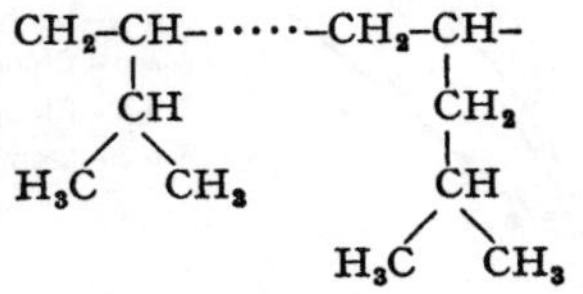

In spite of the similarity of the structure of the monomer units the two corresponding isotactic polymers crystallize in two different chain conformations: the helix of poly-3-methyl-1-butene contains four monomer units per turn (4/1) with a chain repeat of 6.85 Å; the helix of poly-4-methyl-1-pentene contains 3.5 units per turn (7/2) and has a repeat of 13.85 Å. The copolymers tend to crystallize. Their chain conformation and cross sectional area in the crystal lattice are analogous to those of the homopolymer corresponding to the predominant comonomer. For 4-methyl-1-pentene contents higher than 50% some evidence exists that the system simultaneously contains both chain conformations.

Many detailed results were reported by Natta (*1*) and by Natta, Corradini, Sianesi, and Morero (*2*) with regard to some cases of complete isomorphism and isodimorphism in copolymers. These authors distinguished three different cases:

a) crystalline copolymers, both comonomers of which form homopolymers having crystal structures of the same type;

b) crystalline copolymers, the two comonomers of which form homopolymers having a different crystal structure;

c) crystalline copolymers, in which only one comonomer forms a stable crystalline homopolymer.

As to the system styrene/*o*-fluoro styrene (case a) a complete isomorphism is observed within the whole range of compositions. The macromolecules assume the conformation of a 3/1 helix, characteristic of both crystalline homopolymers. The lattice dimensions, melting points, and crystallinity degrees vary continuously with composition.

The system consisting of copolymers of styrene and *p*-fluoro styrene (case b), instead, is characterized by isodimorphism. For the whole range of copolymer compositions the system exhibits crystallinity. The crystal structure is that of the homopolymer deriving from the predominant comonomer. Up to *p*-fluoro styrene, contents of about 50% by moles the copolymers crystallize in the threefold helix structure of iso-

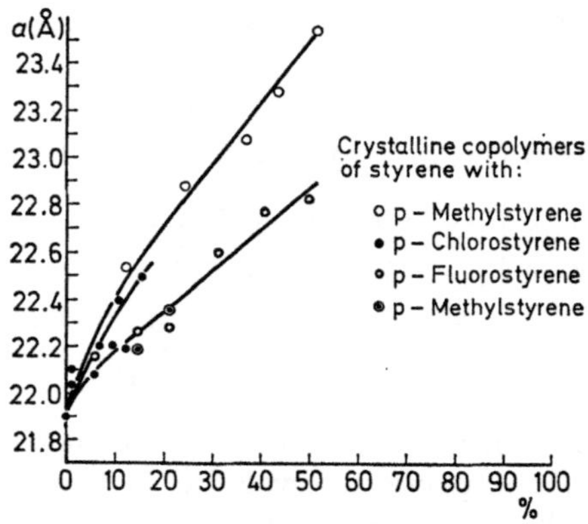

Fig. 3. Variation of the dimensions of the *a* axis of isotactic polystyrene as a function of the content of copolymerized units of differently substituted styrenes. Abscissa: molar fraction of $CH_2{=}CH{-}C_6H_4{-}R$ (from NATTA, G., et al.: J. Polymer Sci. **51**, 527 (1961))

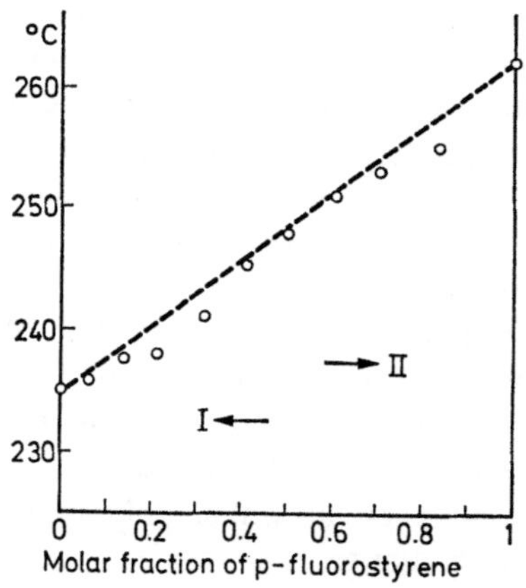

Fig. 4. Melting temperatures of crystalline styrene/*p*-fluorostyrene copolymers: I, crystallites with threefold helix; II, crystallites with fourfold helix (from NATTA, G., et al.: J. Polymer Sci. **51**, 527 (1961))

tactic polystyrene; for higher contents the fourfold helix of isotactic poly-*p*-fluoro styrene is present.

Copolymers belonging to the case c) were found to be those of styrene with: 1-vinyl naphthalene (crystallinity appears for molar contents of the latter lower than 50% by moles), *p*-ethyl styrene and *p*-bromo styrene (crystallinity appears for contents of the latter comonomers up to 10–15% by moles), *p*-chloro styrene and *p*-methyl styrene (crystallinity is shown for contents up to 30 and >50% by moles respectively of the latter). It is remarkable that in all these cases the introduction of bulkier monomeric units into the polystyrene chain always causes a fairly considerable increase only in the equatorial unit cell dimensions. Cases a and b are shown in Fig. 3 and in Fig. 4.

The ir spectrum of all these copolymers in the solid state shows the disappearance of the crystallinity bands for molar concentrations of the predominant comonomer below ~70%. This is due to the marked lack of sequential order along each chain. The melting temperatures vary almost linearly with the molar content of one of the comonomers in the case of complete isomorphism. Otherwise, a linear relationship still holds provided that one supposes to consider the melting temperature of a metastable crystalline phase.

CAMPBELL (*22*) refers that copolymers of 4-methyl-1-pentene (4MP) with *n*-pentene-1 and with *n*-hexene-1, synthesized with the aid of stereospecific catalysts, were crystalline for *n*-hexene contents up to ~25%, probably because of a partial cocrystallization. Analogous conclusions were attained by HEWETT and WEIR (*23*) for the same copolymer systems studied by CAMPBELL on the basis of dynamic measurements correlated with DTA observations.

In a set of three papers TURNER-JONES reported the results of cocrystallization studies in copolymers, obtained with stereospecific catalysts, of 4MP with linear α-olefins *(5)* and of α-*n*-butene with linear and branched α-olefins *(6, 24)*.

The first paper deals with the copolymers of 4MP with *n*-octene, *n*-decene, and *n*-octadecene. The units of octene and decene may be included into the crystallites of P4MP to some extent, thus causing lattice expansions and reduction of crystallinity. Instead the units of octadecene do not cocrystallize to a detectable extent. The 4MP/*n*-hexene copolymers show cocrystallization evidence, although isotactic poly-α-hexene does not crystallize easily. The crystal structure observed is always very similar to that of P4MP with a 7/2 helix. The copolymers very rich in *n*-hexene units are scarcely crystalline. In all these copolymers it seems to exist a considerable degree of block distribution. The case of 4MP/*n*-pentene copolymers, where a marked chemical non-homogeneity among the chains is observed, is an example of isodimorphism: the two crystalline forms observed, depending on the prevailing comonomer, correspond to P4MP or to form II of poly-α-pentene, characterized by a fourfold helix conformation of the chain, whereas the threefold helix of poly-α-pentene was never present, not even in the copolymers with high *n*-pentene contents. Sometimes, during crystallization, the system separates into two distinct crystalline phases. However, the same polymer chains can enter different phases under different conditions of crystallization. The behaviour of 4MP copolymers is illustrated in Fig. 5.

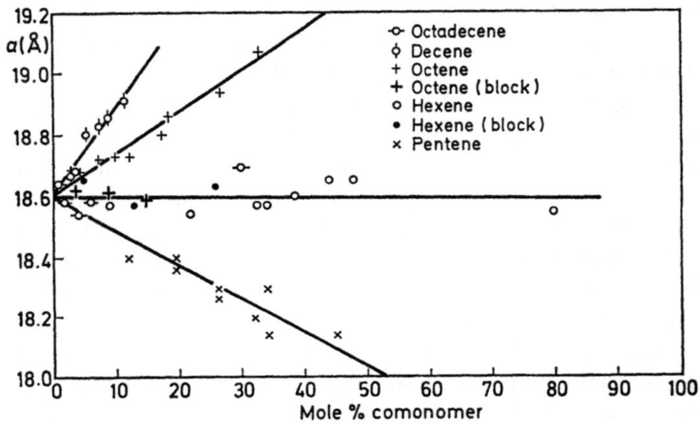

Fig. 5. *a* axis spacing of tetragonal P4MP cell versus mole-% comonomer (from TURNER-JONES, A.: Polymer 6, 249 (1965))

The copolymers *n*-butene (B)/3-methyl-butene (3MB) *(24)* and *n*-butene/*n*-pentene (PE) *(6)* show a high degree of cocrystallization within the whole range of compositions. Since the crystalline structures of poly-*n*-butene (PB) differ from those of P3MB and of poly-*n*-pentene (PPE), both systems show isodimorphism. Different crystalline phases are observed in the system B/3MB, probably due to heterogeneity of chain composition; for copolymers prevailingly consisting of *n*-butene, the phases observed resemble those of the PB form II, characterized by a helix probably of the 29/8 type. Copolymers in the intermediate composition range may develop predominantly phases related to PB II or to P3MB depending upon the thermal or mechanical treatment. Copolymers B/PE show, up to a molar composition of PE of 84%, cocrystallization in the PB form I, characterized by a 3/1 helix. This seems in contrast with the fact that the cross-sectional area (CSA) of the chains of PPE — in both forms found for this polymer (3/1 and 4/1 helices) — is larger than that of the PB form I. Therefore, it would be obvious to expect the stabilization of the PB form II, which has a higher CSA.

In both systems considered, the cross dimensions of the unit cell show such variations to allow the arrangement of the units of the two types on varying composition.

Scarce evidences of cocrystallization are observed in B/ethylene copolymers. In the B/propylene system, a partial isomorphous replacement is observed with some incorporation of propylene units into the polybutene lattice and vice-versa, with changes in lattice dimensions. The propylene units tend to stabilize the PB form I, which has the same 3/1 helix as polypropylene. Copolymers with *n*-hexene and higher linear α-olefins show a gradually decreasing capability to include comonomer units in the lattice, although some changes in the lattice dimensions are observed; in these cases, the PB form II is progressively stabilized with increasing the length of the α-olefin side chain.

An interesting phenomenon of macromolecular isomorphism was detected in copolymers of α-butene with α-*n*-hexene, α-*n*-octene, α-*n*-decene, α-*n*-dodecene, and α-*n*-octadecene (*6*). In these copolymers isomorphous replacement occurs between the butene units and the methylene sequences of the side groups in both the known modifications I and II of poly-α-butene.

As to the B/branched α-olefin copolymers, the degree of cocrystallization falls progressively with the size of the comonomer units. Apart from the B/3MB system, already discussed, in the B/4-methyl-pentene-1 copolymers partial isomorphous replacement of monomer units in the two homopolymer crystal phases is observed, with lattice dimensions changes (Table 1). With 4,4′-dimethyl-pentene-1 both homopolymer phases occur, physically separated, without lattice dimension changes. In each case, for high butene contents, the PB II phase is observed, i.e. the phase with larger CSA, which indicates that at least some degree of cocrystallization is always present.

Natta, Porri, Carbonaro and Lugli (*25*) have prepared copolymers of 1,3-butadiene with 1,3-pentadiene in the whole range of compositions. The properties of the copolymers, in which all butadiene and pentadiene comonomer units are in the *trans*-1,4 configuration, clearly show the isomorphous replacement between the two types of units. The melting point/composition data show that the copolymer melting temperatures are a regular function of composition and are always comprised between those of *trans*-1,4-polybutadiene modification II and *trans*-1,4-polypentadiene. Also the X-ray diffraction spectra of the copolymers show that the *trans*-1,4-pentadiene units are isomorphous with the *trans*-1,4-butadiene units crystallized in the crystalline modification of the latter stable at high temperatures (form II).

Natta, Allegra, Bassi, Carlini, Chiellini, and Montagnoli (*26*) studied the copolymers of 4-methyl-1-pentene with 4-methyl-1-hexene

Table 1. *Butene/4MP copolymers: crystallographic data* (from TURNER-JONES, A.: Polymer 7, 23 (1965)

Mol. % 4MP	Crystal forms[a]		Crystallinity, %[a]	Optical[a] m.pt° C		*a* axis, Å[a]	
				P4MP	PB II	P4MP	PB II
0		*PB II/I*	~55		118		14.85
3.5		*PB II/I*	40		112		15.00
5		*PB II/I*	38		109		
7		*PB II*	40				15.1
11		*PB II*	33		103		15.15
14		*PB II*	31		103		15.2
27	4MP	*PB II*	34			17.9	15.35
32	4MP	PB II	30	196	~100	18.1	15.45
52	*4MP*	PB II	35	226	~100	18.2	~15.6
79	*4MP*		45	235		18.4	
85	*4MP*		46	235			
92	*4MP*		57	240		18.5	
100	*4MP*		65	248		18.6	

[a] Slow cooled from 250° C. Major phases in italics.

(4MHE) and of isopropylvinylether with *sec*-butylvinylether. The binary mixtures of isotactic poly-4-methylpentene with isotactic poly-4-methylhexene and of isotactic poly-*i*-propylvinylether with isotactic poly-*sec*-butylvinylether were also examined.

All isotactic copolymers and homopolymers of this series crystallize in tetragonal unit cells. The dimensions of the *a*-axes change linearly with composition and are always comprised between the values found for the pure homopolymers (Fig. 6). The melting temperatures of the copolymers change linearly with composition and are always comprised between the melting temperatures of the pure homopolymers. The isomorphous replacement of the comonomer units in the whole range of compositions is thus clearly demonstrated. In the case of the intimate mixtures of the homopolymers the same basic phenomena as seen in the corresponding copolymers are observed, and it is possible to speak of isodimorphism between the various macromolecules of the system examined (see Fig. 10 at page 568).

Isomorphism in copolyalkenamers was reported by DALL'ASTA, MOTRONI, and CARELLA (*27*). These copolymers may be considered as constituted by an unbranched polyethylene chain containing, at irregular intervals, *trans*-internal double bonds. It is known (*28*) that the crystal structure of the homo-*trans*-polyalkenamers depends on the number of methylene groups existing between two subsequent double bonds: the odd series crystallizes in an orthorhombic unit cell, similar to that of polyethylene; the even series crystallizes in monoclinic and triclinic unit cells. In the fibre spectra, the equatorial reflections appear very clearly, whereas the layer lines reflections are very faint and in some cases completely absent. This is an evidence of the structural disorder along the chain axis. Particularly studied (*29*) were the copolymer systems *trans*-octenamer/*trans*-dodecenamer and *trans*-pentenamer/*trans*-octenamer.

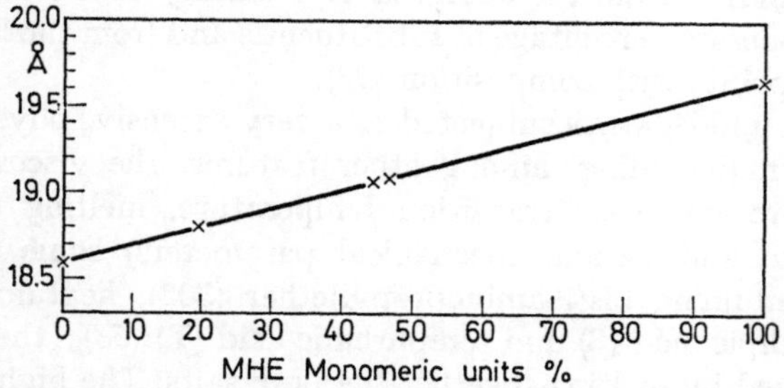

Fig. 6. Variation of the *a* axis of the tetragonal unit cell in 4MP/4MHE copolymers as a function of composition (from Macromolecules, in press)

2. Copolyamides

The first evidences of isomorphous replacement in a copolyamide system seems to have been given by Plimmer, Reynholds, Wood, and Hargreaves (*30*) and by Wittbecker, Houtz, and Watkins (*31*): the hexamethylene adipamide/hexamethylene terephthalamide copolymer system shows no minimum in the melting point curve; moreover the densities lie on a straight line, when plotted against the molar composition. In contrast to this system, the hexamethylene sebacamide/terephthalamide copolymers show a clear eutectic behaviour, which indicates the presence of two distinct crystalline phases. The cocrystallization in the former system was ascribed to the analogous values of the end-to-end molecular lengths of the terephthalic and adipic acids, when considered in the zig-zag conformation (Fig. 7), which allows the iso-

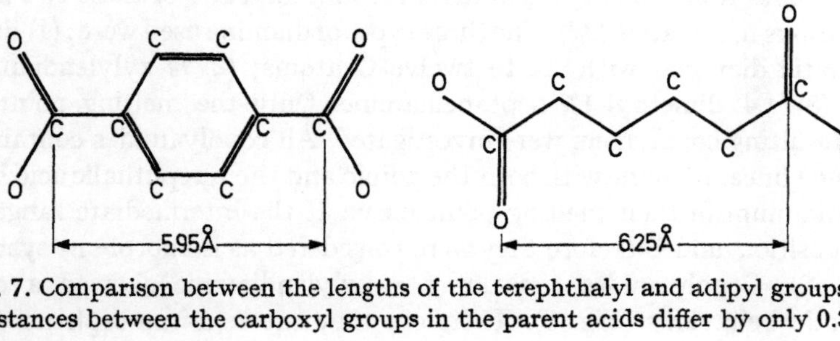

Fig. 7. Comparison between the lengths of the terephthalyl and adipyl groups. The distances between the carboxyl groups in the parent acids differ by only 0.30 Å

morphous substitution between the two units (*31*). It is of interest that no cocrystallization is observed in the polyethylene adipate/terephthalate copolymers. This is attributed to the lack of interchain hydrogen bonds in the copolyesters, which prevents the parallelism of the *p*-phenylene linkage with the chain axis, with consequent disruption of the crystalline order, in contrast with the copolyamide case (*31*).

In the case of N-substituted polyamides an isomorphism phenomenon is clearly inferred from the observed crystallinity of the polyamides, at least for moderate percentage of substituents, and from the linear change in melting points with composition (*32*).

CRAMER and BEAMAN subjected to a very extensive physico-chemical investigation (including, among other features, the viscosity number, water absorption, glass transition temperature, melting temperature, crystallinity, and various mechanical parameters) some copolyamide systems containing bis(3-aminopropyl)ether (303), heptamethylenediamine (7), adipic acid (6) and terephthalic acid (T) (*33*); the copolymers were obtained by melting together the pure salts. The highest degree of isomorphism was observed in the **303-6/7-6** system, where a linear dependence of physical properties on composition was found in all properties measured, within experimental error.

Although with a less perfect correlation with the experimental data, the 303-T/7-T system also shows strong isomorphism tendencies. The copolymer system **7-6/7-T** shows a fairly high degree of isomorphism, especially in thermal properties. The analogous system **303-6/303-T**, however, shows large deviations from ideal isomorphous behaviour. The systems **303-6/7-T** and **7-6/303-T** show rather imperfect isomorphism; for unknown reasons, the departures are less than for **303-6/303-T**, which involves the same diamine with two different dibasic acids. In all systems showing a more or less incomplete isomorphous behaviour, a more accurate X-ray investigation would probably be informative, especially about the possible presence of more than one crystalline phase.

In order to investigate the effect of diamine structure on the isomorphism of adipic and terephthalic acids, YU and EVANS prepared copolyamides from three types of diamines and mixtures of these two acids in various mole ratios (*34*). The three types of diamine used were: (1) linear aliphatic diamines with six to twelve C atoms; (2) *m*-xylylendiamine, and (3) 4,4′-dimethyl-1,7-heptanediamine. Only the melting points of the resulting copolymers were investigated. All copolyamides containing a single linear diamine with both the adipic and the terephthalic acid have no minimum in their melting point curve at the intermediate ranges of composition, and therefore they were considered as isomorphous systems (Fig. 8). Copolyamides containing *m*-xylylendiamine showed a clear eutectic behaviour (Fig. 9). Therefore they are non-isomorphous. This must be attributed to the presence of the linearly unsymmetrical *m*-disubstituted benzene rings in the chains, which cannot be placed at random in the chains without destroying crystallinity. Finally, either the homo- or the copolyamides of adipic and terephthalic acids with 4,4′-dimethyl-1,7-heptanediamine proved to be amorphous systems, and consequently no isomorphism is possible.

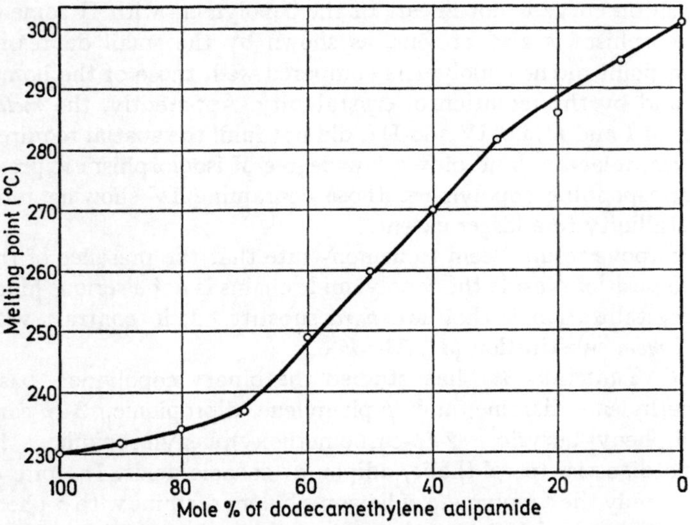

Fig. 8. Melting point vs. composition for copolyamide of dodecamethylenediamine with adipic and terephthalic acids (from Yu, A. J., and R. D. Ewans: J. Polymer Sci. 21, 237 (1956))

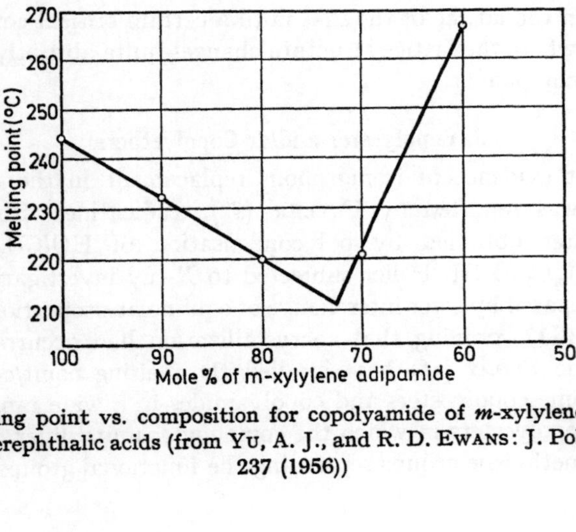

Fig. 9. Melting point vs. composition for copolyamide of *m*-xylylendiamine with adipic and terephthalic acids (from Yu, A. J., and R. D. Ewans: J. Polymer Sci. 21, 237 (1956))

LEVINE and TEMIN (*35*) investigated the copolymers of caprolactam with *p*-aminomethylcyclohexylcarboxylic acid (I), *p*-aminomethylbenzoic acid (II), *m*-aminomethylbenzoic acid (III) and *m*-aminomethylcyclohexylcarboxylic acid (IV). For each copolymer system the melting point, the optical birefringence and (qualitatively) the X-ray crystallinity were investigated at various compositions. Copolymers with I showed the existence of isomorphous replacement, although the melting point vs. composition curve is not linear. In the copolymers with II some degree of isomorphism is also present, as shown by the small depressions in melting point of the copolymers compared with those of the homopolymers, and by the retention of crystallinity. Apparently, the *meta* derivatives of I and II, i.e. IV and III, did not fulfil the spatial requirements of polycaprolactam, and only a low degree of isomorphism is present in the corresponding copolymers, those containing IV showing retention of crystallinity to a larger extent.

The above results seem to demonstrate that the presence of rings in random positions inside the copolyamide chains is not a serious hindrance to cocrystallization if they are *para* substituted, in contrast with the case of *meta* substitution (*31, 33—35*).

T. C. TRANTER (*36*) has studied the binary copolymers based on hexamethylene diamine and *p*-phenylene dipropionic, 3-(*p*-carboxymethyl)phenyl-butyric, 2-(*p*-carbomethoxy)phenylpropionic, hydroquinone diacetic, terephthalic, adipic, or sebacic acids. In spite of the fact that only the copolymers of hexamethylene diamine with *p*-phenylene dipropionic and with 2-(*p*-carbomethoxy)phenylpropionic acids show a linear softening point composition curve, Tranter claims for isomorphism in the copolymers of all the systems. In fact, their X-ray examination shows that they behave in the same basic manner, the second component dissolving in the lattice of the first until a certain critical concentration is reached, where the lattice structure changes quite abruptly to that of the second component.

3. Copolyester and/or Copolyethers

The first evidence of isomorphous replacement in the case of copolyesters was reported by FULLER (*37*). Indicating with nGm the homopolyester obtained by polycondensation of $HO(CH_2)_nOH$ and $HOOC(CH_2)_{m-2}COOH$, Fuller subjected to X-ray investigation the copolymer prepared by ester interchange of equimolar proportions of 2G10, 2G11 and 2G12, proving that cocrystallization had occurred. EVANS, MIGHTON and FLORY (*38*) have studied the melting point/composition curves of some copolyesters and copolyamides in a wide range of compositions. Copolyesters in which the comonomer units differ only in the number of methylene groups separating the functional groups appear to form mixed crystals. In these cases the melting point depressions with composition are abnormally small in respect of the theoretical depression calculated for a random copolymer on the basis of FLORY's formula. Insertion of bulky chain units reduce the cocrystallization in polyesters: thus copolymers of ethylene teraphthalate and *n*-butyleneteraphthalate (4GT), exhibit an eutectic melting point/composition curve; however, they are crystalline at all compositions, whereas (2GT-3GT) and (2GT-16GT) copolymers are amorphous in their central composition range (*39*).

ISHIBASHI reports an X-ray evidence of crystallization, over the entire range of compositions, of the copolymers of 3GMB (MB-*p*-hydroxymethylbenzoate) and 2GT: at intermediate compositions, the X-ray pattern is not that of either homopolymer (*40*). HOWARD and KNUTTON investigated the two series of copolyesters (6G10-10G6) and (10G10-6G6), at various compositions with regard to their melting points, X-ray powder spectra, densities and heats of fusion (*41*). In spite of both copolymer series having melting point/composition curves of an eutectic type, in analogy with what observed by TRANTER for other copolyamide systems (*36*), a high level of crystallinity is maintained throughout the range of copolymer compositions. If we assume that the copolymers have a random sequence structure, as it is confirmed by comparing the melting points of the copolymers obtained under completely different conditions, the cocrystallization of different units is necessarily deduced. The range of the melting points of all copolymers is more or less similar (~ 10 to 20° C); this gives additional evidence for cocrystallization. Moreover the measured latent heats of fusion show more or less random variations among the various samples. Finally, it should be noted that the plots of the X-ray lattice spacings vs. composition seem to indicate the presence of more than one crystalline structure, at least in the 10G6/6G10 system.

4. Copolyaldehydes

Isomorphous replacement in isotactic polyaldehydes was shown by A. TANAKE, Y. HOZUMI, K. HATADA, S. ENDO, and R. FUJISHIGE (*42*). These authors studied the binary polymer systems formed by acetaldehyde, propionaldehyde, *n*-butyraldehyde, iso-butyraldehyde and *n*-heptanal. All the copolymers are crystalline over the whole range of compositions. In the case of binary copolymers of acetaldehyde, propionaldehyde and *n*-butyraldehyde the unit cells have the same tetragonal space group $I4_1/a$, with the same chain axis (4.8 Å), while the dimensions of the *a* axis change continuously as a function of the copolymer composition. In the case of copolymers of isobutyraldehyde with other aldehydes, the continuous variation of the lattice constants *a* and *c* were observed.

5. Copolycarbonates

Evidence of isomorphism phenomena occurring in copolycarbonates was given by I. D. RUBIN (*43*). Copolycarbonates were obtained by phosgenating various proportions of chlorohydroquinone, hydroquinone, toluhydroquinone and 4,4'-dihydroxydiphenylmethane. In the systems hydroquinone-chlorohydroquinone and toluhydroquinone-chlorohydroquinone, isomorphism is present in the whole range of compositions, as shown by the X-ray spectra and by melting point/composition data. The melting points of the copolymers change linearly with composition and are always comprised between the melting points of the pure homopolymers. The X-ray spacings of the most important reflections change linearly with composition.

b) Cocrystallization of Monomer Units with Opposite Geometrical Structure (Atactic Vinyl Polymers)

The first cases of crystalline vinyl polymers to which an atactic structure was assigned, are polyvinyl alcohol and polytrifluorochloro ethylene (*3*, *44*), even if a detailed crystal structure analysis was completed only for the former polymer (*45*). In this case, a configurationally disordered distribution of the hydroxyl groups along the two sides of the chains was formerly deduced from the complete incapability of polyvinylacetate to crystallize. However, also isotactic polyvinylacetate, prepared by acetylation of isotactic polyvinyl alcohol, could not be crystallized (*46*), unlike polyvinyl formate, prepared from the same isotactic polyvinyl alcohol, which shows a well defined fibre spectrum (*47*). Crystalline polyvinyl alcohol is obtained from the polyvinylacetate by hydrolysis. The not very dissimilar size of hydrogen and of the hydroxyl group allows the statistical substitution between them, in the crystallites of polyvinyl alcohol (*3*, *44*). A similar argument may be applied to polytrifluorochloro ethylene, where the van der Waals' radii of chlorine (~ 1.70 Å) and fluorine (~ 1.35 Å (*48*)) may allow crystallization in spite of an irregular distribution of the two kinds of atoms.

More recently, the crystal structure of atactic polyvinyl fluoride, which is highly crystalline under ordinary conditions, was reported (*49*); here the atoms replacing each other randomly are hydrogen and fluorine, whose van der Waals radii are also similar (~ 1.25 and ~ 1.35 Å respectively (*48*)).

c) Cocrystallization of Stereochemically Identical Monomer Units with Randomly Different Conformations

We will refer in the following to the interesting case of the form of *trans*-1,4-polybutadiene stable at high temperature, which was shown to crystallize with an irregular chain conformation (*50, 51, 7*). In the quite conclusive study on this topic, CORRADINI shows that the X-ray spectra of this crystalline phase may be very well interpreted on the assumption that different conformations are available to each monomer unit, resulting from proper combinations of the "skew" and "cis" rotational states around the (=C–C–) bonds (*7*). This completely unusual conformational disorder in a crystalline polymer is certainly possible because of the absence of side groups, together with the high flexibility of the chain, which may assume different arrangements while preserving a linear overall conformation, without strong deviations of the atoms from the chain axis.

A structure similar to that just considered is also present in the *trans*-1,4-butadiene/*trans*-1,4-pentadiene-1,3 copolymers, although, in this case, the presence of methyl side groups increases the lateral distance among the packing chains (see the preceding section (*25*)).

II. The Isomorphism of Macromolecules

a) Isomorphism of Macromolecules with Different Chemical Constitution

In addition to the general steric requirements reported in the introductory section for macromolecular isomorphism, if chains differ in chemical structure, they must also show some degree of compatibility to intimate mixing and not too much different crystallization kinetics. The first condition is strictly similar to the one that applies to liquid mixtures. As a well known example, liquids without reciprocal affinity in general cannot form a unique phase. Attempts to obtain mixed crystals from polyethylene and polyvinyl or polyvinylidene fluoride has been unsuccessful hitherto, in spite of the similarity in shape and size of their chains. In view of the above somewhat strict requirements, it is not surprising that relatively few examples of this type of isomorphism have been reported.

We will first quote the case of mixed crystal formation among polymers containing different isotopic species, such as isotactic polypropylene and polydeuteropropylene (*52*). In such a case, not only the resulting crystallinity is of the same order of magnitude as that of the separate pure polymers, but the X-ray diffraction effects are virtually identical, due to the same van der Waals' radii of hydrogen and deuterium.

The formation of solid solutions appears from the X-ray diffraction spectrum for a system formed by a 1:1 (weight) mixture of isotactic polystyrene and of a styrene/*p*-methylstyrene copolymer (30 moles-% *p*-methylstyrene), obtained after melting followed by a proper annealing treatment (*2*). The solid solution is possible because the two different polymeric components have the same crystalline structure, with the same chain repeat, and show only small differences in the side lattice dimensions.

Similarly, by melting together polyvinyl and polyvinylidene fluoride at all relative compositions a unique crystalline phase is observed, which is identical with the structure of crystalline polyvinylfluoride (*49*) and also with the structure of one of the crystalline forms of polyvinylidene fluoride (*21*). Since the lattice constants of these two forms are quite close, no variation is observed in the X-ray spacings of the solid mixtures throughout the whole range of compositions. The existence of a true co-crystallization is shown by the melting point/composition curve, which shows no minimum.

NATTA, ALLEGRA, BASSI, CARLINI, CHIELLINI, and MONTAGNOLI (*26*) studied the binary mixtures of isotactic poly-4-methylpentene (P4MP) with isotactic poly-4-methylhexene (P4MHE), of poly-*i*-propylvinylether (PIPVE) with poly-*sec*-butylvinylether (PSBVE), or P4MP with PIPVE and of P4MHE with PSBVE (Fig. 10).

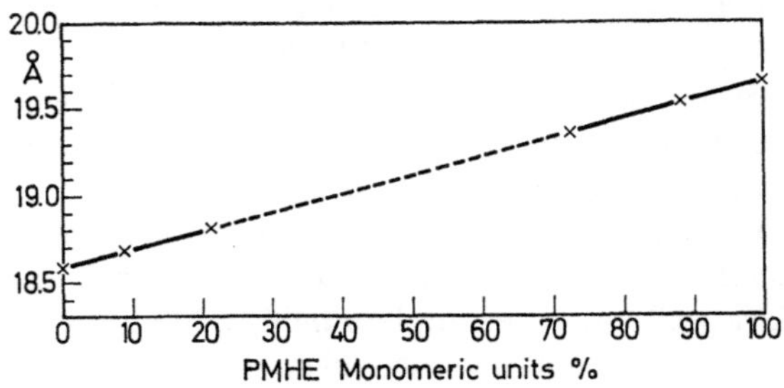

Fig. 10. Variation of the *a* axis of the tetragonal unit cell of poly-4-methylhexene/poly-4-methylpentene mixtures as a function of the composition (from Macromolecules, in press)

The unit cells of all these isotactic polymers are tetragonal and the chains have a helix conformation with 3.5 monomeric units per pitch (7/2) in the case of isotactic poly-α-olefins and with 3.4 monomeric units per pitch (17/5) in the case of the polyvinylalkylethers considered. The unit cells of the binary mixtures are tetragonal and the chain conformations are those of the pure homopolymers. The dimensions of the *a* axes of the unit cells of the binary mixtures change linearly with composition and are always comprised between those found for the pure homopolymers. Isodimorphism of macromolecules is present in the whole range of compositions for the binary mixtures of PIPVE with PSBVE. In the case of the binary mixtures of P4MP with P4MHE the isodimorphism of macromolecules is confined to the ranges 0–25% by weight and 75–100% by weight of P4MP; in the range 25–75% by weight we have a gap of mixibility. In the case of the binary mixtures of P4MP with PIPVE and of P4MHE with PSBVE, in the whole range of compositions two separate phases were observed.

b) Isomorphism of Macromolecules Having the Same Chemical and Geometrical Structure, but Randomly Different Orientations in the Crystalline Lattice

Although this phenomenon may be included in the general class of structural disorder in crystalline polymers, we think convenient to mention it here, because of its close relation to macromolecular isomorphism in the usually accepted meaning.

Statistical substitution between chains having the same helix handedness, but different orientations of the side groups ("up" and "down" chains) was proved or at least suggested as probable for a variety of isotactic vinyl polymers. In particular we will mention here the cases of isotactic polypropylene (*53*), isotactic poly-*n*-butene-1 (*54*), isotactic polyaldehydes (*55*) and isotactic-1,2-poly-4-methylpentadiene (*56*).

The appearance of this phenomenon is justified by the consideration that the chain packing is essentially governed by the van der Waals' interactions among the side groups: provided they occupy well definite positions in the crystalline lattice, the overall packing is good, no matter where the main chains are. Now, if we fix the space coordinates of the side groups, we also fix, in general, as a consequence, the (right- or left-) handedness of all the chains, *but not the direction of the linkages connecting the main chain with the side groups*, which may go either up, from the chain ("up" chains) or down ("down" chains) (Fig. 11).

A similar phenomenon was postulated by Nyburg (*57*) for natural rubber: in Fig. 12 two different orientations are sketched for each chain, either of which maintains the methyl groups in the same positions. Later, Natta and Corradini (*58*) suggested that the two orientations cannot take place in a totally random way, since too short intermolecular distances would arise; instead, they proposed the statistical substitution among whole layers of equioriented molecules, extending along the *b* direction. Finally, in a latest study on this subject, Corradini (*59*) proposed an interesting structural model, involving intramolecular disorder, which seems to be well suitable to explain the observed, low value of the melt entropy of natural rubber.

From the preceding sections it is clear that isomorphism of monomeric units in synthetic copolymeric systems is a quite general phenomenon. We wish to recall here that the requirements for the isomorphous substitution in the macromolecular field are similar to those holding for solid solutions in ionic or metallic crystals: however, the degree of tolerance is much wider in the macromolecular field owing to the larger degree of imperfection existing in the polymer crystals. In ionic crystals

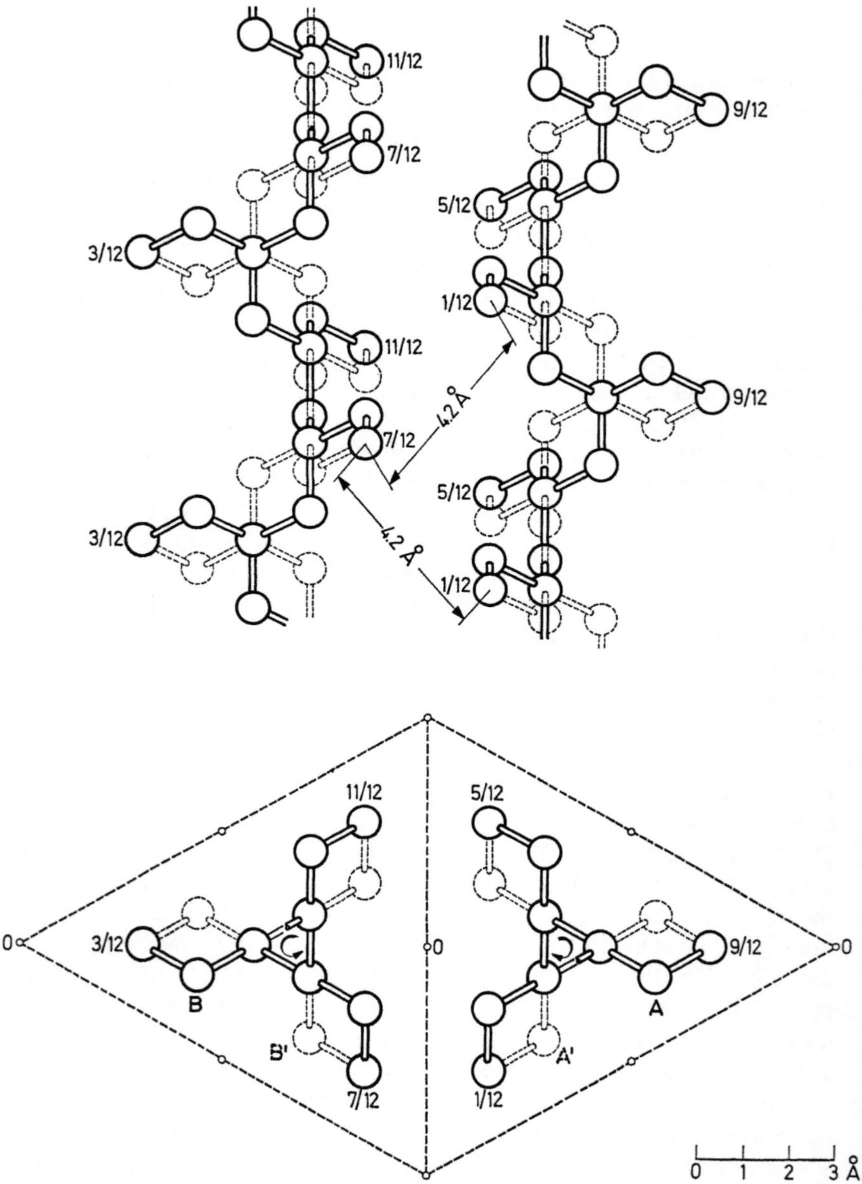

Fig. 11. Crystal structure of isotactic poly-α-butene modification I. Up (full lines) and down (dashed) isomorphous macromolecules may statistically replace each other

isomorphism phenomena occur when the ionic radii of the isomorphous ions are not too different. In the macromolecular field this requirement is much less severe: as an example, we have seen that in isotactic copolyaldehydes the acetaldehyde units may be substituted by units of

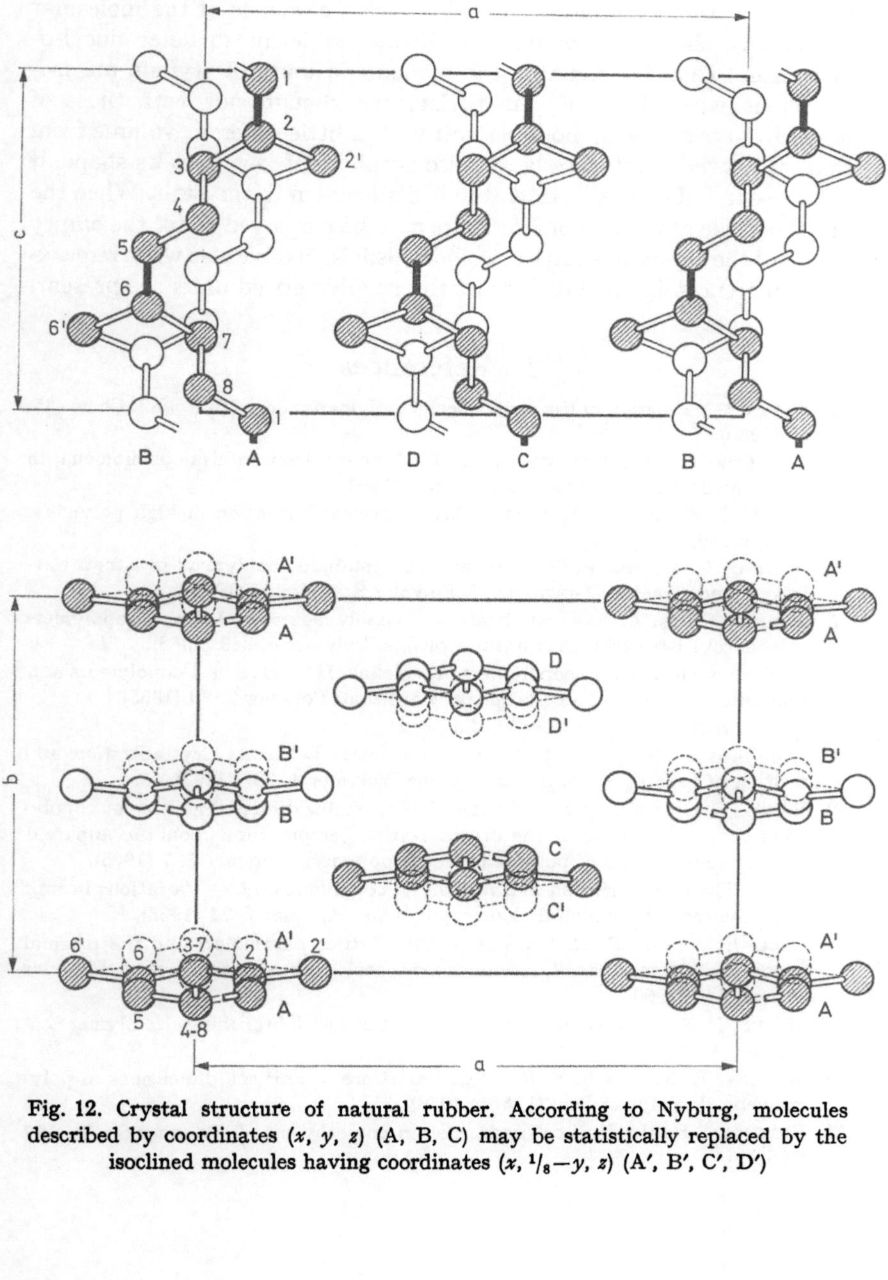

Fig. 12. Crystal structure of natural rubber. According to Nyburg, molecules described by coordinates (*x*, *y*, *z*) (A, B, C) may be statistically replaced by the isoclined molecules having coordinates (*x*, $^1/_8 - y$, *z*) (A′, B′, C′, D′)

propionaldehyde, of *n*-butyraldehyde, of *iso*-butyraldehyde and also of *n*-heptanal.

The rules determining isomorphism among monomeric units are less simple than those known for inorganic ionic compounds. In fact, whereas for ionic salts isomorphism depends on the relative volume of the replacing ions, in the macromolecular field a great closeness of the molecular volumes is, though necessary, not always sufficient to determine isomorphism. Thus for example the monomeric units of styrene are isomorphous with those of *p*-methylstyrene though not with those of *m*-methylstyrene. A monomeric unit with a little different volume from that of another unit may be non isomorphous if, owing to its shape, it gives rise to unfavourable interatomic distances in the crystals. When the increased size of the monomeric units may be employed to fill the empty spaces of the crystalline lattice, isomorphism is possible also when remarkable differences in the volumes of the copolymerized units are present.

D. References

1. NATTA, G.: Progress in the stereospecific polymerization. Makromol. Chem. **35**, 93 (1960).
2. —, P. CORRADINI, D. SIANESI, and D. MORERO: Isomorphism phenomena in macromolecules. J. Polymer Sci. **51**, 527 (1961).
3. BUNN, C. W., and H. S. PEISER: Mixed crystal formation in high polymers. Nature **159**, 161 (1947).
4. REDING, F. P., and E. R. WALTER: Cocrystalline copolymers of 3-methyl-1-butene and 4-methyl-1-pentene. J. Polymer Sci. **37**, 555 (1959).
5. TURNER JONES, A.: Cocrystallization in copolymers of α-olefins. I-Copolymers of 4-methyl-1-pentene with linear α-olefins. Polymer **6**, 249 (1965).
6. — Cocrystallization in copolymers of α-olefins. II — Butene-1 copolymers and polybutene type II—I crystal phase transition. Polymer **7**, 23 (1965).
7. CORRADINI, P.: Polymer Letters (in press).
8. RICHARDSON, M. J., P. J. FLORY, and J. B. JACKSON: Crystallization and melting of copolymers of polymethylene. Polymer **4**, 221 (1963).
9. BAKER, C. H., and L. MANDELKERN: The crystallization and melting of copolymers. I — The effect of the crystallization temperature upon the apparent melting temperature of polymethylene copolymers. Polymer **7**, 7 (1965).
10. — — The crystallization and melting of copolymers. II — Variations in unit cell dimensions in polymethylene copolymers. Polymer **7**, 71 (1965).
11. COLE, E. A., and D. R. HOLMES: Crystal lattice parameters and the thermal expansion of linear paraffin hydrocarbons including polyethylenes. J. Polymer Sci. **46**, 245 (1960).
12. SWANN, P. R.: Polyethylene unit cell variations with branching. J. Polymer Sci., **56**, 409 (1962).
13. WALTER, E. R., and F. P. REDING: Variations in unit cell dimensions in polyethylene. J. Polymer Sci. **21**, 561 (1956).
14. EICHHORN, R. M.: Unit cell expansion in polyethylene. J. Polymer Sci **31**, 197 (1958).

15. PLATÉ, N. A., TRAN KHEU, and V. P. SHIBAEV: Crystallization and ordering processes in polyhydrocarbons with chemically irregular chains. J. Polymer Sci. Part C, **16**, 1133 (1967).
16. CHATANI, Y., T. TAZIKAWA, S. MURAHASHI, Y. SAKATA, and Y. NISHIMURA: Crystal structure of polyketone (1:1 ethylene/carbon monoxide) copolymer. J. Polymer Sci. **55**, 811 (1961).
17. REINHARDT, R. G.: Vinylidene chloride polymers. Ind. and Eng. Chem. **35**, 422 (1943).
18. KARGIN, V. A., and G. S. MARKOVA: Electronographic investigation of crystalline polymers. I. Linear polymers. Zh. Fiz. Khim. **27**, 1235 (1953).
19. LESHCHENKO, S. S., V. L. KARPOV, and V. A. KARGIN: Electronographic investigation of fluorine-containing polymers. Vysokomol. Soyedin. **1**. **1538** (1959).
20. —, V. L. KARPOV, and V. A. KARGIN: Electron diffraction study of fluorine-containing polymers. Vysokomol. Soyedin. **5**, 953 (1963).
21. NATTA, G., G. ALLEGRA, I. W. BASSI, D. SIANESI, G. CAPORICCIO, and E. TORTI: Isomorphism phenomena in systems containing fluorinated polymers and in new fluorinated copolymers. J. Polymer Sci. , Part A, **3**, 4263 (1965).
22. CAMPBELL, T. W.: Poly(4-methyl-1-pentene) and some soluble crystalline copolymers. J. Appl. Polymer Sci. **5**, 184 (1961).
23. HEWETT, W. A., and F. E. WEIR: Dynamic properties of homo- and copolymers of 4-methyl-1-pentene. J. Polymer Sci., Part A, **1**, 1239 (1963).
24. TURNER JONES, A.: Crystalline phases in copolymers of butene and 3-methylbutene. Polymer Letters **3**, 591 (1965).
25. NATTA, G., L. PORRI, A. CARBONARO, and G. LUGLI: Phenomena of isomorphism and polymorphism in *trans*-1,4-copolymers of 1,3-butadiene with 1,3-pentadiene. Makromol. Chem. **53**, 52 (1962).
26. —, G. ALLEGRA, I. W. BASSI, C. CARLINI, E. CHIELLINI, and G. MONTAGNOLI: Isomorphism Phenomena in isotactic poly-(4-methyl-substituted) α-olefins and in isotactic polyalkylvinyl ethers. Macromolecules (in press).
27. DALL'ASTA, G., G. MOTRONI e G. CARELLA: Copolimeri cristallizzabili ad alto peso molecolare e procedimento per ottenerli. Ital. Pat. **773**, 657 (1966).
28. NATTA, G., I. W. BASSI, and G. FAGHEREZZI: Crystal structures of odd and even *trans*-polyalkenamers. Europ. Polymer J. **5**, 239 (1969).
29. BASSI, I. W., and G. DALL'ASTA: To be published.
30. PLIMMER, H., R. J. W. REYNOLDS, L. WOOD, H. HARGREAVES, and I. C. I. Ltd.: British patent Appl. 604/49.
31. EDGAR, O. B., and R. H. HILL: The *p*-phenylene linkage in linear high polymers: some structure-property relationships. J. Polymer Sci. **8**, 1 (1952).
32. WITTBECKER, E. L., R. C. HOUTZ, and W. W. WATKINS: Elastic N-substituted polyamides. Ind. Eng. Chem. **40**, 875 (1948).
33. CRAMER, F. B., and R. G. BEAMAN: Some isomorphous polyamides. J. Polymer Sci. **21**, 237 (1956).
34. YU, A. J., and R. D. EVANS: Isomorphous replacement in copolyamide systems: adipic and terphthalic acids. J. Polymer Sci. **42**, 249 (1960).
35. LEVINE, M., and S. C. TEMIN: Isomorphous replacement in a copolyamide system. J. Polymer Sci. **49**, 241 (1961).
36. TRANTER, T. C.: Isomorphism in copolyamides containing the *p*-phenylene linkage. J. Polymer Sci., Part A, **2**, 4289 (1964).
37. FULLER, C. J.: Mixed crystal formation in linear copolyesters. J. Am. Chem. Soc. **70**, 421 (1948).

38. EVANS, R. B., H. R. MIGHTON, and P. FLORY: Crystallization in high polymers. V. Dependence of melting temperatures of polyesters and polyamides on composition and molecular weight. J. Am. Chem. Soc. **72**, 2018 (1950).
39. SCHULKEN, R. M., R. E. BOY, and R. H. COX: Differential thermal analysis of linear polyesters. J. Polymer Sci., Part C, **6**, 17 (1964).
40. ISHIBASHI, M.: Polyether-ester copolymer prepared from *p*-γ-hydroxypropoxy benzoate and bis-β-hydroxyethyl terephthalate. Polymer **5**, 103 (1964).
41. HOWARD, G. J., and S. KNUTTON: Isomorphism in aliphatic copolyethers. Polymer **9**, 527 (1968).
42. TANAKA, A., Y. HOZUMI, K. HATADA, S. ENDO, and R. FUJISHIJE: Isomorphism phenomena in polyaldehydes. Polymer Letters **2**, 181 (1964).
43. RUBIN, I. D.: Isomorphism in polycarbonates copolymers of hydroquinone and substituted hydroquinones. J. Polymer Sci., Part A, **1**, 1645 (1963).
44. BUNN, C. W.: Molecular structure and the crystallinity of long-chain polymers. J. Appl. Phys. **25**, 820 (1954).
45. — Crystal structure of polyvinyl alcohol. Nature **161**, 929 (1948).
46. OKAMURA, S., T. KODAMA, and T. HIGASHIMURA: The cationic polymerization of *t*-butyl vinyl ether at low temperatures and the conversion into polyvinyl alcohol of poly-*t*-butyl vinyl ether. Makromol. Chem **53**, 180 (1962).
47. FUJI, K., I. MOCHIZUKI, S. IMOTO, J. UKIDA, and M. MATSUMOTO: Investigation of the stereoregularity of poly(vinyl alcohol). J. Polymer Sci., Part A, **2**, 2327 (1964).
48. PAULING, L.: The Nature of the chemical bond, Chap. 7. Ithaca-New York: Cornell University Press 1960.
49. NATTA, G., I. W. BASSI e G. ALLEGRA: Struttura cristallina del polivinilfloruro atattico. Acc. Naz. Lincei Rend. **31**, 350 (1961).
50. —, P. CORRADINI e L. PORRI: Sulla struttura di nuovi polimeri a concatenamento 1—4-trans di diolefine coniugate. Acc. Naz. Lincei Rend. **20**, 728 (1956).
51. IWAYANAGI, S., H. NAKANE, and I. SAKURAI: Solid phase transition and molecular motion in polymers, paper presented at the Int. Symp. Macromolecular Chemistry, Tokyo 1966, preprint 2-4-11.
52. NATTA, G., M. FARINA e M. PERALDO: Polimeri a struttura doppiamente isotattica. Acc. Naz. Lincei, Ren. **25**, 424 (1958).
53. — and P. CORRADINI: Structure and properties of isotactic polypropylene. Nuovo Cimento, Suppl. **15**, 40 (1960).
54. — —, and I. W. BASSI: Crystal structure of isotactic poly-α-butene. Nuovo Cimento, Suppl. **15**, 52 (1960).
55. — — — Structure of isotactic polyaldehydes. J. Polymer Sci. **51**, 505 (1961).
56. — —, I. W. BASSI, and G. FAGHERAZZI: The crystal structure of 1,2 isotactic poly-4-methylpentadiene-1,3. European Polymer J. **4**, 297 (1968).
57. NYBURG, S. C.: A statistical structure for crystalline rubber. Acta Cryst. **7**, 385 (1954).
58. NATTA, G., and P. CORRADINI: The crystal structure of cis-1,4 polybutadiene. Nuovo Cimento, Suppl. **15**, 111 (1960).
59. CORRADINI, P.: private communication

Received May 14, 1969

Advances in Polymer Science

Fortschritte der Hochpolymeren-Forschung

6. Band

Mit 236 Abbildungen

Springer-Verlag Berlin Heidelberg GmbH 1969

Ursprünglich erschienen bei Springer-Verlag Berlin Heidelberg New York 1969.
Library of Congress Catalog Card Number 61-642.
Herstellung: Brühlsche Universitätsdruckerei, Gießen.

Titel-Nr. 4926-4929

GPSR Compliance

The European Union's (EU) General Product Safety Regulation (GPSR) is a set of rules that requires consumer products to be safe and our obligations to ensure this.

If you have any concerns about our products, you can contact us on ProductSafety@springernature.com

In case Publisher is established outside the EU, the EU authorized representative is:

Springer Nature Customer Service Center GmbH
Europaplatz 3
69115 Heidelberg, Germany

Batch number: 10267799

Printed by Printforce, the Netherlands